Lena Hüsemann

Spiel und Spaß mit Katzen

Ulmer

Für die Katz'

Wie denkt eigentlich eine Katze?
Lernen Sie Ihren Stubentiger von einer
ganz anderen Seite kennen!

7

Katzen-Glück

Ein schönes Bett, leckeres Futter und
Streicheleinheiten: Ist das wirklich
alles, was eine Hauskatze benötigt?

17

8   Katze? Katze!

8   Der Taschentiger
13   Katzenpsyche

18   Wenn Katzen Langeweile
       haben …

18   Artgerechtes Leben für glückliche
       Katzen
24   Unarten oder Stress?

       Spezial:
26   Die Sache mit der
       Sauberkeit

Wohnen mit Katze

Was können Sie tun, um Ihrer Katze das schöne Zuhause zu bereiten, das sie verdient?

31

Katzen-Knigge

Mit ein paar Regeln gestaltet sich das Zusammenleben von Katze und Mensch gleich viel entspannter.

55

32 Die richtige Umgebung

32 Freigang oder Wohnungshaltung?
38 Damit das Leben in der Wohnung nicht zu langweilig wird
46 Ab nach draußen – aber sicher

Spezial:
36 Gefahren beim Freilauf
48 Sicherer Freilauf

56 Katzen brauchen Grenzen

56 Erziehung – muss das sein?
60 Goldene Regeln für das gemeinsame Leben

Test:
63 Ist meine Katze gut erzogen?

Action für die Katz'

Mit den richtigen Spielzeugen wird das Spiel zu einer Entspannung für Tier und Mensch.

67

Für Spielfaule

Keine Lust zu spielen? Mit diesen Tipps bekommen auch Spielmuffel Spaß am Toben!

85

68   **Spiel und Spaß mit Katzen**

69   Warum Katzen spielen müssen
76   Witzige Spielideen

Test:
74   **Welcher Spieltyp ist meine Katze?**

86   **Abenteuer Spiel**

86   Spielfaule Katzen motivieren
94   Wenn der Mensch keine Lust hat ...

Test:
90   **Welches Spielzeug für meine Katze?**

Für Bastler

Mit wenig Arbeit lassen sich wunderschöne und individuelle Spielzeuge günstig herstellen.

99

Für Schleckermäuler

Belohnen Sie Ihren Sofatiger doch einmal mit ein paar selbstgemachten Leckerlis …

111

100 Bastelideen

100 Kleiner Aufwand, große Wirkung
101 Selbstgemacht
104 Für Bastelhungrige

Check:
109 Qualitätskontrolle für selbstgebasteltes Spielzeug

112 Katzen-Küche

112 Kochen für die Katze – muss das sein?
120 Leckerlis selber machen

Plus:
121 Plätzchen backen für die Katz'

Service

124

124 Zum Weiterlesen
124 Clicks im WWW
126 Register

Für die Katz'

8   **Katze? Katze!**

8   Der Taschentiger

13   Katzenpsyche

Katze? Katze!

Katzen sind wunderbare Gefährten – verschmust und anhänglich haben sie sich doch die Unabhängigkeit eines Tigers erhalten.

Dabei leben Katze und Mensch schon etwa seit dem Jahr 2.000 v. Chr. zusammen – das sind fast 4.000 Jahre! Mittlerweile hat sich die Katze zu einem der weltweit beliebtesten Haustiere entwickelt und sogar den Partner Hund auf der Beliebtheitsskala überholt.

Wer aber meint, dass sich die Katze in dieser Zeit evolutionär dem Menschen, Trockenfutter und Katzenmilch angepasst habe, der irrt. 4.000 Jahre sind ein viel zu kurzer Zeitraum für eine wirkliche evolutionäre Entwicklung und nur ein kleiner Bruchteil der kätzischen Entwicklungsgeschichte von fast 100.000 Jahren. Gezielt gezüchtet werden Katzen erst seit etwas über einem Jahrhundert, feste Rassestandards gibt es sogar erst seit wenigen Jahrzehnten.

Einen Großteil des Zusammenlebens mit dem Menschen verbrachte die Katze als unabhängige Ungeziefervernichterin in den Kornspeichern – selbst die frühen Rassekatzen wie die Türkisch Angora dienten am Hofe mit ihrem großen Talent zur Mäusejagd. Aus diesem Grund gleicht unsere gewöhnliche Hauskatze auch heute noch ihrem Urahn und nächstem Verwandten, der Nubischen Falbkatze, fast bis aufs Haar.

Der Taschentiger

Sowohl die Falb- als auch die Hauskatze sind eine jeweils eigene Gruppe aus der Familie der Katzenartigen, die zur Ordnung der Raubtiere gehört. Das ist auch bei unseren Sofatigern Programm – wer das nicht glaubt, muss sich nur den Körper seiner Katze einmal genau ansehen: Sie verfügt wie ein Leistungssportler über einen leichten, wendigen Körper, was nicht nur die katzentypisch elegante Fortbewegung ermöglicht, sondern auch bei der Jagd ein großer Vorteil ist. So sind bei der Katze die Schlüsselbeine, knöcherne Verbindungen zwischen Arm und Schulter, verkümmert – die Vorderbeine selbst werden nur durch Muskeln und Sehnen sowie einen kurzen Gelenkstummel gehalten. Dies ermöglicht ihr eine noch

Aha!

Wildlife im Wohnzimmer!

Forscher vom National Cancer Institute in Frederick (Maryland, USA) fanden 2007 durch Genuntersuchungen heraus, dass sich das Erbgut unserer heimischen Hauskatze eindeutig den Wildkatzen aus dem Nahen Osten zuordnen lässt – sie stammen also aus einer über 100.000 Jahre alten Abstammungslinie.

Der Tiger für's Wohnzimmer: Die Katze ist ein kleines Raubtier.

höhere Beweglichkeit beim Beutefang, Klettern und Putzen.

Vielleicht haben Sie sich auch schon einmal gefragt, warum Ihre Katze so elegant über eine schmale Mauer oder einen dünnen Ast stolzieren kann? Das flexible Skelett befähigt sie dazu, beide Körperhälften unabhängig voneinander zu bewegen, ohne das Gleichgewicht zu verlieren. Sprünge aus zwei oder drei Metern Höhe werden erst dadurch möglich, dass der Schwung durch Sehnen und Muskeln abgefedert werden kann, ohne dass sich die Katze dabei auch nur einen Knochen bricht oder staucht.

Die Pfoten, die eben noch liebevoll Ihre Hand umklammert haben, können bei der Jagd auf einen Vogel blitzschnell zu tödlichen Waffen werden, denn sie sind nicht nur zum Laufen und Klettern, sondern auch zum Greifen da. Katzenkrallen sind einziehbar, denn Katzenartige gehören wie Hunde zu den Zehengängern: Sie treten nicht mit der ganzen Sohle auf, sondern berühren den Boden nur mit den weich gepolsterten Zehen. Bei eingezogenen Krallen ist ihr Gang so lautlos – man spricht nicht umsonst von Schleichen.

In ihrer natürlichen Umgebung muss die Katze sich aber nicht nur unbemerkt an ihre Beute heranpirschen, sie muss sie auch mit einem Griff packen und festhalten können. Aus diesem Grund kann sie ihre Krallen durch Anspannen

Katzen verfügen über ein für ihre Körpergröße enormes Sprungvermögen.

Aha!

Punktlandung

Die Katze landet in der Regel auf allen vier Pfoten, und dies nicht nur bei einem wohlkalkulierten Sprung, sondern auch bei einem unfreiwilligen Sturz aus großer Höhe. Kein Wunder: Ihr ausgeprägter Gleichgewichtssinn und der sogenannte Aufstellreflex helfen ihr, den Körper aus fast jeder Lage in die Bauchlage zu drehen. Der bewegliche Schwanz dient dabei als Steuerruder.

einer einzigen Sehne in Sekundenbruchteilen ausfahren und zu tödlichen Werkzeugen umfunktionieren – ob zum Töten eines Beutetieres oder zur Verteidigung gegen Artgenossen, andere Tiere oder überschwängliche Menschen. Sicherlich hat schon jeder einmal seine Katze falsch eingeschätzt und statt einer gemütlichen Schmuserunde schmerzhafte Bekanntschaft mit den kleinen Waffen gemacht …

Supersinne

Wer fangen will, muss die Beute aber erst einmal aufspüren. Katzen verfügen über nach vorn gerichteten Augen, die dreidimensionales Sehen und exakte Distanzmessungen ermöglichen. Die Bezeichnung „Katzenauge" für die kleinen, gelben Reflektoren am Fahrrad kommt nicht von irgendwoher: Eine „Tapetum lucidum" genannte Schicht hinter der Netzhaut reflektiert das einfallende Licht, sodass es noch einmal auf die Netzhaut trifft und die Katze auch bei geringem Restlicht gut sehen kann.

Zusammen mit stark veränderbaren Pupillen und den Tasthaaren, fachlich korrekt Vibrissen genannt, kann das Tier so in der Dämmerung jagen oder sich sogar in völliger Dunkelheit orientieren. Allerdings sehen auch Katzenaugen ohne Restlicht nichts mehr. In völliger Dunkelheit verlässt sich die Katze auf die Hilfe ihrer Tasthaare und ihres Gehörs. Selbst dieses ist an ihre Bestimmung als Jäger angepasst: Unsere kätzischen Mitbewohner hören etwa dreimal so gut wie wir. Dabei bewegt sich ihr Hörvermögen vor allem in den höheren Frequenzen, sie können das Fiepsen einer Maus noch etliche Meter weit entfernt wahrnehmen. Die Ohrmuscheln selbst lassen sich unabhängig voneinander um fast 300 Grad drehen, sodass die Katze ihre Beute genau lokalisieren und gegebenenfalls mit einem einzigen gezielten Sprung erwischen kann.

Im Innersten ein Jäger

Die Katze als Raubtier – das erscheint vielen Katzenhaltern doch etwas befremdlich. Schließlich ist die kleine Miezemaus doch verschmust und so liebesbedürftig… Dennoch sollte man bedenken, dass eine Katze kein Kaninchen ist, sondern ein Fleischfresser. In der Natur gibt es keine Aluschälchen mit delikaten Putenstreifen in Käsesauce oder handliche Beutel mit Rind in Gelee. Wild- und freilebende Hauskatzen mussten sich seit jeher selbst verpflegen, ihre Nahrung selber fangen und in magengerechte Stücke zerlegen. Doch eigentlich sollte uns selbst als ebenfalls zumindest meist Fleisch

---

Wissen Sie's?

Durchblick

Wann sehen Katzenaugen am besten?

- ○ Am Tage
- ○ In der Nacht
- ○ In der Dämmerung

---

essende Lebewesen dieser Gedanke gar nicht so fremd sein. Vielleicht brauchen wir heute nur in den Supermarkt zu gehen, um ein Kilogramm fertig gewürztes Gyros fürs Abendessen zu beschaffen – doch gehen Sie gedanklich einfach einmal zweihundert Jahre zurück oder schauen Sie sich Fischer und Jäger an, die auch heute noch Freude daran haben, einen schönen Sonntagsbraten auf den Tisch zu bringen. Selbstgejagt versteht sich.

Die Augen der Katze sind hochentwickelt und auf die Erfordernisse der Jagd spezialisiert.

So barbarisch wirkt das Raubtier Katze doch dann gar nicht mehr, oder? Dementsprechend ist auch ihr Gebiss aufs Jagen und Fleisch als Hauptnahrungsmittel spezialisiert. Mit ihren spitzen Eckzähnen kann sie kleine Beutetiere packen und töten, die Reißzähne greifen wie zwei Teile einer Schere zusammen und ermöglichen der Katze so das Beißen und Zerkleinern auch größerer Fleischstückchen.

Die sechs kleinen Schneidezähne im vorderen Teil des Gebisses dienen übrigens nur selten zur Nahrungsaufnahme, sie werden eher zur Körperpflege eingesetzt. Haben Sie schon einmal beobachtet, mit welcher Hingabe Ihre Katze kleine Katzenstreukügelchen zwischen ihren Zehen heraussucht? Das Gebiss der Katze ist weniger zum Kauen als zum Schneiden ausgelegt und perfekt auf ihre natürliche Nahrung angepasst: Fleisch und Innereien.

Mit ihrer tierischen Beute gehen Katzen nicht so sanft um!

Gulaschgroße, ein wenig zähe Fleischstückchen entsprechen ihrer Ernährungsweise eher als weicher Futterbrei. Wird dies vernachlässigt, leiden viele Katzen in der Folge unter Zahnerkrankungen, die die wichtigen Werkzeuge eines Jägers langsam aber sicher zerstören. Um dem gegenzusteuern, füttern immer mehr Katzenhalter zur Gesamtfuttermenge kleine Fleischstückchen, die in der Regel auch von der Katze gerne angenommen werden. Probieren Sie es einmal aus! Am besten eignen sich kleine Stückchen oder dünne Streifen Rindergulasch. Sie beschäftigen die Katze, reinigen zudem die Zähne und trainieren die bei Hauskatzen oft unterforderte Kaumuskulatur.

Reines Muskelfleisch reicht allerdings nicht zur artgerechten Ernährung der Katze aus, denn eine Maus besteht neben reinem Fleisch auch aus Innereien und Knochen. Hierzu aber mehr im letzten Kapitel dieses Buches.

Das Innenleben

Auch die inneren Organe der Katze sind die eines reinen Fleischfressers. Ihr Darm ist im Gegensatz zu Allesfressern wie dem Hund oder Pflanzenfressern wie Schaf und Kuh extrem kurz, damit sich während des Verdauungsvorgangs keine Fäulnisgase im Körper bilden können. Die Länge beträgt etwa das Dreifache der Körperlänge. Zum Vergleich: Beim Schaf beträgt das Verhältnis Körperlänge zu Darmlänge 1:24, beim Hund, der neben Fleisch auch pflanzliche Nahrung zu sich nimmt, 1:5. Ebenfalls anders zusammengesetzt sind die Verdauungssäfte und die Darmflora, sie müssen Eiweiß aus Fleisch zerlegen und nicht vorwiegend die Kohlenhydrate aus faserreicher Nahrung gewinnen können.

Auf Fleisch als Hauptnahrung spezialisiert: Das Katzengebiss.

Katzenpsyche

Doch nicht nur der Körper der Katze ist der eines kleinen Raubtiers, auch ihre Fähigkeiten, mit diesem Körper umzugehen. Schon Jungkatzen trainieren in Fang- und Jagdspielen ihre späteren Tätigkeiten als Jäger. Diese sind überlebenswichtig, sodass Katzenmütter ihren Kleinen ab einem gewissen Alter lebende Beutetiere ins Nest bringen, damit die Jungen lernen, die Beutetiere einzuschätzen und auch, den Tötungsbiss tatsächlich zu setzen.

Hauskatzen, die nie mit einer lebendigen Beute in Berührung gekommen sind, haben oft eine gewisse Beißscheu entwickelt. So berichten viele Katzenhalter, dass ihre Freigängerkatze immer wieder Mäuse und Vögel mit ins Haus bringt, diese aber nie mit einem geziel-

Aha!

Wer hat die größten Zähne?

Das Gebiss eines reinen Pflanzenfressers wie eines Pferdes oder einer Kuh verfügt über große Kauflächen, mit der das Tier die pflanzliche Nahrung wie Gräser oder Getreidekörper zu Futterbrei mahlen kann. Die Zähne eines Fleischfressers dagegen arbeiten wie Scheren, sie sind nicht zum Mahlen, sondern zum Zerreißen von Fleischstücken ausgelegt.

ten Biss töte. Die Katze weiß einfach nicht, wozu diese Beute überhaupt gut ist, sie haben den Tötungsbiss als Jungtiere nicht „erlernt". Trotzdem zwingt ihr Instinkt sie, auf schnelle, kleine Objekte zu reagieren – statt die Beute aber wirklich zu erlegen, spielt sie sie tot.

Verlässliche Instinkte

Auch psychisch gesehen ist selbst die ruhigste Perserkatze immer noch ein kleiner Tiger. Ein Fakt, den viele Katzenhalter leider allzu gern ignorieren, macht er doch ein wenig Angst. Neugier und die Fähigkeit, sich schnell an verschiedenste Umweltbedingungen anzupassen, gehören zu den wichtigsten Eigenschaften der Katze. Schauen Sie sich einmal Ihre Katze an, während sie schläft. In der Regel wird sie auf die leisesten Geräusche in ihrer Umgebung mit einem leichten Ohrenzucken reagieren, trotz Dösens ist sie immer auf der Hut. Bewegt sich etwas unter der Bettdecke, ist sie blitzschnell zur Stelle – gegebenenfalls mit Krallen und Zähnen.

Dabei braucht eine durchschnittliche Hauskatze diese Fähigkeiten doch eigentlich nicht, mag man als sorgender Katzenmensch denken. Wir geben ihr portionsgerechte Nahrung, die sie weder erlegen noch ausnehmen muss. Auch braucht sie sich nicht gegen natürliche Feinde verteidigen noch Regen und Kälte fürchten. Diesen Tatsachen ist es zu unter anderem verdanken, dass die erwachsene Hauskatze auch im hohen Alter noch genauso verspielt ist wie ein kleines Kätzchen. Sie sieht in uns

Dieses Kätzchen scheint sich auszuruhen – doch Augen und Ohren sind aufmerksam!

möglicherweise eine Art „Muttertier" und bleibt in unserer Obhut ein ewiges Junges.

Allerdings ändert das nichts daran, dass unsere Katze die Instinkte eines Räubers hat, denn trotz Domestikation ist sie nicht zu einem völlig veränderten Tier geworden. Und dafür lieben wir sie auch. Beobachten Sie einmal Ihre Katze beim Spiel mit einem Wollknäuel oder einer Fellmaus und schauen Sie sich parallel eine Dokumentation über Großkatzen und ihr Jagdverhalten an. Fällt Ihnen etwas auf? Ihre Schmusekatze zeigt beim Spiel genau die gleichen Aktionen wie ihre großen Verwandten bei der Jagd.

Schlüssel zum Verhalten

Als Mensch erscheint uns die Katzenpsyche oft unverständlich. Wieso springt sie mir denn jetzt an den Fuß, wieso beißt sie in meine Hand? Warum ignoriert sie das dargebotene Spielzeug? Doch so kompliziert ist es gar nicht. Beachtet man ein paar Grundregeln, kann man in den Aktionen seiner Katze lesen wie in einem offenen Buch – und Verständnis für oft unsinnig erscheinende Verhaltensweisen finden. Auch auf die Gefahr, dass ich mich wiederhole: Katzen sind kleine Raubtiere. Eigentlich sind sie von ihren körperlichen und geistigen Fähigkeiten her nicht geschaffen für das Leben in der Wohnung.

Das heißt jetzt nicht, dass nur das Leben in der Wildnis artgerecht sei – besonders unsere hochgezüchteten Rassetiere hätten mit ihrem langen Fell und ihrer fehlenden Erfahrung kaum Überlebenschancen ohne den Menschen. Katzen sind aber zugleich so anpassungsfähig, dass sie auch mit einem Leben in der Wohnung zurechtkommen

Das Leben einer Hauskatze ist im Gegensatz zu dem einer Wildkatze entspannend – und manchmal sogar auch langweilig.

können. Darum ist es umso wichtiger, der Katze auch im Haus eine artgerechte Umgebung zu bieten.

Katzen-Glück

18   **Wenn Katzen Langeweile haben ...**

18   Artgerechtes Leben für glückliche Katzen

24   Unarten oder Stress?

Spezial

26   Die Sache mit der Sauberkeit

Wenn Katzen Langeweile haben ...

Ohne Abwechslung, ohne Herausforderungen und emotionalen Ausgleich verkümmert die Katze wie ein Spitzensportler, der plötzlich durch eine unheilbare Krankheit ans Bett gefesselt wird.

Ihr Problem: sie kann ihre Unzufriedenheit nicht in unserer Sprache ausdrücken, kann keinen Spielgefährten oder mehr Auslauf fordern. Kommt der Mensch den natürlichen Bedürfnissen der Katze nicht nach, wird sie entweder irgendwann apathisch – oder mit ihren

Möglichkeiten, mit Unsauberkeit und Zerstörungswut, zeigen, dass für sie etwas grundlegend schief läuft. Doch wie sieht das ideale Leben einer Katze überhaupt aus?

Artgerechtes Leben für glückliche Katzen

Schauen wir uns doch einmal das Leben einer freilebenden Wildkatze an. Hiermit sind nicht die verwilderten, oft mit nur geringem Kontakt zu Menschen lebenden, Haus- und Hofkatzen gemeint, sondern richtige Wildkatzen, die ohne Kontakt zum Menschen aufwachsen und überleben. Diese Katzen müssen nicht nur ihre tägliche Futterration erbeuten, sie stehen auch verschiedensten Herausforderungen ihrer Umwelt entgegen.

Die europäische Wildkatze ...

... eine eigene Katzenart, besiedelte lange Zeit, bevor die ersten Hauskatzen aus Afrika nach Europa kamen, die einheimischen Wälder. Mittlerweile jedoch haben wir Menschen den Lebensraum der Wildkatze dezimiert – sie findet sich nun auf der roten Liste der gefährdeten Arten. Im Jahre 2008 durchstreiften nur noch 3.000 bis 5.000 Exemplare vor allem unzugängliche Wälder oder Naturschutzgebiete. Die Europäische Wildkatze ist eine sehr

Aha!

Eine wilde Familie

Die europäische Wildkatze, Felis silvestris, ist nicht wie oft vermutet, der Vorfahre unserer Hauskatze, sondern ein entfernter Vetter. Sie vererbt auch keine „Zahmheitsgene", direkte Nachkommen europäischer Wildkatzen bleiben oft ein Leben lang wild. Wildkatzen aus dem Nahen Osten haben sich als die wirklichen Vorfahren erwiesen. In der Katzenwelt herrscht immer noch die Meinung, die gezielte Rassekatzenzucht sei nur durch Einkreuzungen verschiedenster Wildkatzenarten vom Ozelot über die Falbkatze bis zur europäischen Wildkatze möglich gewesen. Diese Kreuzungen gab es, aber sie führten nicht oder nur zum Teil zu den heutigen Katzenrassen.

ursprüngliche Wildkatze: Eine gezielte Züchtung ist sehr schwierig, selbst in Gefangenschaft aufgezogene Wildkatzen werden nicht zahm, ganz im Gegenteil bleiben sie ein Leben lang menschenscheu und schreckhaft. Mit ihrem Körperbau, der dem einer Hauskatze gleicht, und ihrer verwaschenen, braun-grau getigerten Färbung ist die Wildkatze perfekt auf das Leben in den Wäldern angepasst. Sie ist somit geografisch gesehen die nächste Verwandte unserer Hauskatze. Zudem ist ihr Leben, im Gegensatz zu dem der Falbkatze, der genetisch nächsten Verwandten unserer Hauskatze, mittlerweile relativ gut erforscht. Im Wesentlichen deckt sich die Lebensweise der Europäischen Wildkatze mit dem verwildeter Hauskatzen. Also soll sie uns in diesem Buch für beispielhafte Vergleiche dienen.

Wie wilde Katzen ihr Leben meistern

Die Europäische Wildkatze ist eine echte, wilde Kleinkatzenart, sehr ursprünglich von ihrer Statur und ihrem Verhalten her. Darum stehen im Zentrum ihres Alltags vor allem zwei Dinge: Jagd und Nahrungsaufnahme – zumindest, so lange sie sich nicht mitten in der Paarungszeit befindet. Katzen sind Schleichjäger, die vorwiegend in der Dämmerung auf Nahrungssuche gehen. Hier haben sie ihrer Beute und eventuellen Feinden eine Menge voraus: Ihre Sinnesorgane sind perfekt auf das Jagen bei entsprechenden Lichtverhältnissen, unter denen ihre Beutetiere aktiv sind,

Aha!

Familienbande

Die Hauskatze gehört wie auch die Europäische Wildkatze und die Nubische Falbkatze zur Ordnung der „Carnivora", der Raubtiere und zur Familie der „Felidae", der Katzen und der Unterfamilie „Felinae", Kleinkatzen. Zur Unterfamilie der Großkatzen (lat.: Pantherinae) gehören Löwe, Jaguar, Leopard, Schneeleopard, Nebelparder und Tiger.

angepasst. Wie unsere Hauskatze kann die Wildkatze die Größe ihrer Pupillen stark variieren, ihr Gehör ermöglicht es ihr, die Beute exakt aufzuspüren, auch wenn es nicht sehr hell ist.

Nicht nur Wildkatzen verteidigen ihr Revier. Auch zwischen unkastrierten Hauskatern kommt es oft zu Streitigkeiten.

Wildes Leben

Den Tag über verbringen Wildkatzen in den meisten Fällen in einem Versteck wie kleinen Baumhöhlen oder verlassenen Fuchs- und Dachsbauten. Hier werden auch im Frühsommer die Jungen aufgezogen bis sie alt genug sind, um ein eigenes Revier zu verteidigen. Das Leben einer Wildkatze ist entsprechend unserer Vorstellungen sehr einsam: Wildkatzen sind Einzelgänger, sie finden nur zur Paarungszeit zusammen und trennen sich nach der Begattung gleich wieder.

Die Aufzucht des Nachwuchses übernimmt das Muttertier. Die Erklärung für dieses Verhalten ist relativ einfach: Die meisten Klein- und Großkatzen sind solitäre Jäger – sie gehen allein auf Beutefang. Dementsprechend groß ist auch ihr Revier mit etwa 100 bis 2.000 Hektar. Diesem Revier bleibt die Wildkatze ihr Leben lang treu, sie verteidigt es vehement gegen Artgenossen und Feinde.

Jagd-Glück

Da ihre Beute meistens nicht größer ist als eine Maus oder eine Eidechse, müssen sie alleine jagen. Eine einzige Maus wäre wohl kaum mehr als ein Appetithäppchen für eine Gruppe ausgewachsener Katzen. Durch ihre Statur und Größe ist die Katze auf kleine Beutetiere angewiesen und eine Maus hat kaum eine Chance, sich gegen sie zu Wehr zu setzen. So sind auch die gesammelten Kräfte einer ganzen Katzengruppe für diese Aufgabe nicht notwendig. Im Gegensatz dazu steht das Jagdverhalten eines Wolfsrudels, deren Beutetier in der Regel um einige Dimensionen größer ist und ohne Probleme alle Rudelmitglieder sättigen kann.

Kein Einzelgänger: Auch wildlebende Katzen benötigen Sozialkontakte und haben Freunde.

Zweckgemeinschaften

Finden sich Katzen doch einmal zu einem Grüppchen zusammen, wird ein weiterer Unterschied zum Wolfsrudel deutlich. Während im Wolfsrudel eine strenge Rangordnung herrscht, stabilisiert sich die Hierarchie in einer Katzengruppe bei jedem Treffen wieder neu und ist nur für einen zeitlich begrenzten Raum in Stein gemeißelt: Wer heute das Sagen hatte, kann morgen unterlegen sein. Dennoch kann man diese Grüppchenbildung nur bei ausreichendem Nahrungsangebot beobachten, in freier Wildbahn also eher selten. Trotzdem hat sich gezeigt, dass sich auch die einzelgängerischen Wildkatzen in Freigehegen zu Familien zusammenfinden. Hier wird zwar immer noch nicht zusammen gejagt, dafür werden die Katzenjungen aber gemeinsam aufgezogen und gehütet. Diese Zweckgemeinschaft lässt sich am ehesten mit dem Zusammenleben von Hauskatzen vergleichen.

Eine Katze kommt selten allein

Wäre es denn überhaupt artgerecht, der Wohnungskatze einen Spielkameraden an die Seite zu stellen, damit sie sich während dem Acht-Stunden-Arbeitstag des Menschen nicht langweilt? Jein. Auch wenn Katzen alleine jagen und ihre wildlebenden Verwandten überzeugte Einzelgänger sind, ist die Hauskatze doch zu einem gewissen Grad ein geselliges Tier. Das liegt unter anderem auch daran, dass die Katze in unserer Obhut ein ewiges Kind bleibt. Abgesehen davon: Wo gibt es die Möglichkeit, ein gut 100 Hektar großes Revier zu pflegen?

Stellen Sie sich vor, Sie wären der einzige Mensch in einer Horde Affen – würden Sie es nicht vermissen, sich mit anderen Menschen über Ihre Situation auszutauschen? Und das Gegenteil davon, wochenlang in einem Raum mit Ihren engsten Verwandten eingesperrt. Genauso geht es der Katze.

Das Hauskatzenleben wird um so viel interessanter, wenn es jemanden gibt, dem man die Spielmaus stibitzen kann und der auch einmal Lust hat, auf dieses Spiel einzugehen! Allerdings braucht auch das Sozialtier Katze ihren Rückzugsraum, sie will selber entscheiden, wann sie Sozialkontakte pflegen will und wann nicht. Sie haben sicherlich schon festgestellt, dass Ihre Katze ganz genau weiß, wann sie mit Ihnen schmusen möchte und wann sie lieber in Ruhe dösen oder aus dem Fenster schauen möchte. Genauso verhält sie sich auch im Umgang mit ihren Mitkatzen.

In einem Mehrkatzenhaushalt sollte es aus diesem Grund immer genug Platz für alle geben – im Zweifelsfall einen frei zugänglichen Raum pro Katze, in dem sie sich zurückziehen kann. Fünf Katzen in einer Ein-Zimmer-Wohnung werden nicht glücklich, egal, wie sozial sie sind und wie viel sich der Mensch mit ihnen beschäftigt. Auch, wenn es hart klingt: Manchmal nimmt Tierliebe seltsame Formen an. Sich nicht oder nur ab und zu mit seiner Katze zu beschäftigen, ist falsch – sie zu belagern und ihr keinen Rückzugsraum zu gewähren ebenso. Dies gilt übrigens für Mitkatzen und Menschen.

Doch das Gegenteil, ein Leben alleine, ob in einem riesigen Haus oder einem kleinen Apartment, kann auch schnell eintönig werden. Hier muss der Mensch gegensteuern, um seiner Katze das Leben nicht nur mit einem Schlafplatz und Futter, sondern auch mit etwas Spiel, Action und Abwechslung zu füllen.

Katzenkinder brauchen Spielgenossen – und die Möglichkeit, sich zurückzuziehen.

Hauskatzen-Bore-Out-Syndrom

Weder Körper noch Psyche der Hauskatze sind an das Zusammenleben mit dem Menschen angepasst. Die Katze ist ein Raubtier und körperlich sowie geistig mit allen Möglichkeiten ausgestattet, um in der Freiheit zu überleben. Sie ist von Geburt an auf unverhoffte Herausforderungen, die tägliche Nahrungssuche und darauf, ihr Revier zu verteidigen, programmiert. Auch wenn sie jeden Morgen mit Appetit ihr Rinderragout mit Kräutersauce herunterschlingt oder ihre abendliche Katzenmilch schlabbert, ist sie in ihrem Innersten immer noch ein kleines, wenn auch zahmes Wildtier. Aus diesem Grund lasten Schlafen, Fressen und Putzen sie auch nicht aus. Eine Katze ist ein Raubtier, sie braucht genau wie ihre freilebenden Verwandten Abwechslungen und Herausforderungen, um ihre körperlichen und geistigen Fähigkeiten zu trainieren.

Wird eine Katze nur mit den luxuriösen Anforderungen einer reinen Wohnungshaltung konfrontiert, ist sie schlicht und einfach unterfordert, auf die Dauer kommt es bei ihr zu einer Art Bore-Out-Syndrom, wie bei Menschen die psychische Störung genannt wird, wenn jemand am Arbeitsplatz völlig unterfordert ist: Sie langweilt sich nur noch, verliert den Spaß am Spielen und ihre Neugier – ein Teufelskreis. Bedenken Sie: Mit dem Öffnen ihrer Augen wird die kleine Katze zu einem Spitzensportler erzogen, Fang- und Versteckspiele mit Wurfgeschwistern bereiten sie auf den Alltag als Mäusejägerin vor. Bleiben die Mäuse aber aus und verbringt die Katze ihr Leben nur noch als Dekoration und Schmusekatze, verkommt sie wie ein Marathonläufer, der urplötzlich ans Bett gefesselt wird.

Ohne Beschäftigung wird es der Katze schnell langweilig – sie braucht tägliche Herausforderungen.

Katzen-Alltag

Einer Katze leckeres Futter, einen kuscheligen Schlafplatz und regelmäßige Streicheleinheiten zu bieten, reicht also bei Weitem nicht aus. Vielleicht haben Sie sich eine Katze ins Haus geholt, weil sie im Gegensatz zum Hund keine stundenlangen Spaziergänge benötigt – müßig werden sollten Sie aber aus diesem Grund trotzdem nicht.

Dies ist aber nun wiederum nicht so schlimm, wie es sich im ersten Moment anhört – oft reichen schon einige, fast unsichtbare Veränderungen in der Wohnung und wenige Minuten Spiel und Spaß am Abend, damit Ihre Katze nicht nur ausgelastet ist, sondern Sie in der Nacht auch ruhig schlafen lässt. Wie das geht? Das lesen Sie in den folgenden Kapiteln. Bitte springen Sie nicht gleich zum Teil mit den Spielideen – was jetzt kommt, ist genauso wichtig für die artgerechte Katzenhaltung wie regelmäßige Spieleinheiten.

Katzen haben einen grundsätzlich anderen Tagesablauf als wir Menschen. In den rund 16 Stunden, in denen wir unserer Arbeit nachgehen, schlafen sie – in den restlichen acht Stunden sind sie aktiv, das meistens in der Nacht. Doch Hauskatzen verstehen es auch sehr gut, ihren Tagesablauf dem des Menschen anzupassen. Wer in der Nacht durchschlafen und eine ausgeglichene Katze genießen möchte, sollte also für genügend Abwechslung in den Aktivphasen der Katze sorgen. Erst dann wird der Sofatiger seine Schlafphase auch wirklich auf die nächtlichen Stunden legen ... Allerdings werden Sie nach einer derartigen Abstimmung des Tagesrhythmus auch am Wochenende damit rechnen müssen, dass die Katze ihren Tageslauf – und Ihren Wochentageslauf – beibehält und Sie morgens wie gewöhnlich weckt. Dafür können Sie um die Mittagszeit bügeln, weil die Katze im Tiefschlaf unter der Bettdecke verschwunden ist.

Unarten oder Stress?

Unterforderte Katzen haben mit diversen Problemen zu kämpfen. Kennen Sie das typische Sonntags-Gefühl, wenn das Wetter mal wieder mies ist, Sie nichts mehr zu lesen haben und im Fernsehprogramm auch nichts Vernünftiges läuft? Sie fühlen sich ausgelaugt, ohne überhaupt etwas getan zu haben. Gestresst ohne Arbeit und müde, obwohl Sie am Morgen ausgeschlafen haben. Sie sind unzufrieden mit sich und der Welt, haben aber auch nicht den Elan, sich aufzuraffen und einfach ins Kino zu gehen. Genauso geht es der unterforderten Katze. Wie ein Arbeitnehmer mit Bore-Out weiß sie nichts mit sich anzufangen, hat keinen Grund,

vom Sofa aufzustehen oder auch nur einen Spielball durch die Wohnung zu rollen. Fressen und Körperpflege, vielleicht noch einmal ein paar Schmuseeinheiten mit ihrem Menschen werden zum Lebensinhalt, sie ist weder psychisch noch physisch ausgelastet. Das ist den meisten Katzenhaltern aber nicht bewusst. Sie kaufen ihrer Katze ein schönes Bettchen, sorgen für das beste Futter, säubern regelmäßig das Katzenklo und verstehen gar nicht, warum die Katze unsauber wird oder den Teppichboden zerkratzt. Sie hat doch alles, was sie braucht?!? Die Verarmung des Umfeldes, fehlende Sozialkontakte und Platzmangel führen aber zu dem so genannten „Zootiersyndrom", das nicht nur bei Zootieren zu Verhaltensstörungen wie einem übermäßigen Putzdrang führt und bis zur Selbstverstümmelung führen kann. Aber keine Sorge: Bis es bei Ihrer Katze so weit kommt, wird Sie Ihnen durch ihr Verhalten und katzentypische Unarten wie Kratzen oder Unsauberkeit ganz klar zeigen, dass die Welt für sie nicht in Ordnung ist ...

Aha!

Entscheidungsfreiheit

Katzen brauchen ihr Rückzugsgebiet, sie brauchen aber auch andere Katzen, um katzentypische Gepflogenheiten wie gegenseitiges Putzen zu pflegen – oder sich auch einmal in kleinen Jagdspielen gegenseitig zu übertrumpfen. Eins ist aber wichtig: Katzen müssen frei wählen können.

Manche Katzen brauchen Freilauf, um glücklich zu sein. Gefahren lauern beim Freilauf natürlich viele.

Tickt Ihre Katze noch richtig?

Bietet das Katzenleben keine spannenden Herausforderungen, verkümmert die Katze – oder entwickelt in den meisten Fällen unbeliebte Unarten. Um es vorneweg zu sagen: Egal, um welche Unart es sich handelt – Katzen „meinen es nicht böse", sie wollen ihren Menschen nicht ärgern oder wütend machen. Ab einem gewissen Punkt hat eine Katze leider keine andere Möglichkeit, sich mitzuteilen und ihren Menschen klarzumachen, dass etwas nicht stimmt und sie unglücklich ist. Das erste Warnsignal sind psychische Auffälligkeiten, die sich deutlich vom arttypischen Verhalten einer Katze abheben. Kann eine Katze ihre Energie nicht loswerden, sitzt sie den ganzen Tag in der geschlossenen Wohnung, anstatt sich austoben zu können, kann

sie aggressiv werden – und zeigt dies mehr oder weniger offen.

Ich selber hatte einmal einen kleinen Kater, er hieß Blacky, den mir meine Eltern für meinen ersten eigenen Wohnungs-Teil mit eigenem Bad und Flur schenkten. Blacky war ein ganz aufgewecktes kleines Kerlchen – doch auch, obwohl ich mich jeden Nachmittag stundenlang mit ihm beschäftigte, fing er irgendwann an, mich im wahrsten Sinne des Wortes „anzufallen". Sobald ich aus der Schule kam, lauerte Blacky schon hinter der Tür, sprang mit einem großen Satz an meine Beine, biss und krallte sich fest. Das Ganze wurde irgendwann so schlimm, dass ich mich nicht mehr allein in meine kleine „Wohnung" traute – oder gleich Leckerlis in den Flur warf, damit Blacky beschäftigt war und ich schnell in

Die Sache mit der Sauberkeit

Die Unsauberkeit ist wohl das effektivste Druckmittel, das eine Katze anwenden kann. Doch was muss passieren, damit von Natur aus sehr reinliche Tiere unsauber werden?

Eines sollte man dennoch nicht vergessen: Genau wie bei uns Menschen kann auch bei Katzen eine krankheitsbedingte **Inkontinenz** vorliegen. Der verantwortungsvolle Katzenhalter sollte also sofort einen Tierarzt aufsuchen, wenn sich derartige „Missgeschicke" häufen. Erst, wenn man eine körperliche Erkrankung

ausschließen kann und es sich bei dem unsauberen Tier auch nicht um einen potenten Kater handelt, geht es an die **Ursachenforschung**. Diese ist nicht einfach: Die möglichen Gründe dafür, dass eine Katze nicht mehr das frisch eingestreute Katzenstreu benutzt, sondern ihr Geschäft lieber auf dem Sofa oder dem neuen Perserteppich verrichtet, sind vielfältig. Das Thema **Duftmarkierungen** spielt dabei eine größere Rolle, als man denken mag. Ein frisches Katzenklo ruft für eine Katze geradezu danach, markiert zu werden. Ein nicht frisch gemachtes Kistchen dagegen ist so voller Marken, dass die Katze es nicht für nötig hält, dort nochmals hinzugehen.

Die Katze zeigt diese **Verhaltensstörung** nicht, um ihren Menschen zu ärgern. Sie hat in diesem Moment einfach keine andere Wahl, sich anders auszudrücken. Druck zu erzeugen, die Katze zu strafen oder gar mit der Nase in den Urin zu tunken, hilft hier nicht, sondern setzt ganz im Gegenteil einen unheilvollen Kreislauf in Gang. Die schon gestresste Katze fühlt sich noch weiter unter Druck gesetzt, das Problem der **Unsauberkeit** wird nicht gelöst, sondern verstärkt.

Dabei kann die **Ursachenforschung** oft so einfach sein. Ein junger Kater, aufgewachsen in einer großen Katzengruppe auf einem Bauernhof, fühlt sich allein in einer Etagenwohnung einsam und **unausgelastet**. Die ältere Katzendame ist mit dem neuen Familienmitglied, einem schreienden kleinen Bündel Mensch, völlig **überfordert**.

> Unsauberkeit bei der Katze kann viele Gründe haben. Hier ist Ursachenforschung gefragt!

meinem Zimmer verschwinden konnte. Jahre später erfuhr ich, dass diese Aggressivität typisch für die „Trotzphase" vieler junger Katzen ist. Sie haben sehr viel Kraft und suchen sich einen ebenbürtigen Gegenspieler, an dem sie ihre Grenzen austesten können. Meine Familie hatte zu dem Zeitpunkt zwar schon seit vielen Jahren Katzen, allerdings noch nie einen Jungspund wie Blacky. Wir wohnten mitten in der Stadt, ohne Möglichkeiten, einer Katze Auslauf bieten zu können. Das war zwar schon immer so gewesen, unsere bisherigen Katzen waren aber keine kleinen, vor Kraft übersprudelnden Bauernhofkatzen, sondern ruhige, ältere Rassekatzen. Das Leben bei uns war einfach falsch für Blacky. Wir brachten ihn auf den Bauernhof eines Bekannten, wo er noch lange Jahre lang zufrieden lebte und auch überhaupt nicht mehr aggressiv war. Lange Rede, kurzer Sinn: Blacky zeigte seine überschüssige Energie und seine Unzufriedenheit durch Aggressivität.

Manchmal ist profesionelle Hilfe nötig

Nicht selten kommt der Katzenfreund aber nicht weiter, er findet nicht heraus, warum seine Katze unglücklich ist. Hier können oft sogenannte Katzenverhaltenstherapeuten oder Katzenpsychologen helfen. Bevor Sie dieses Kapitel schnell überspringen: Haben Sie keine Angst, einen Katzenpsychologen zu rufen ist kein Eingeständnis Ihrer eigenen Unfähigkeit. Absolut nicht! Entgegen ihrer Berufsbezeichnung sind diese Psychologen nämlich selten dazu da, die Katze zu heilen – sie vermitteln vielmehr zwischen Katze und Mensch, lösen Missverständnisse und „übersetzen". Ein Katzenpsychologe wird sich

> **Tipp**
>
> ## Kommunikation pur
>
> Verhaltensauffälligkeiten sind nicht selten einfache Kommunikationsprobleme zwischen Katze und Mensch und lassen sich mit etwas Aufmerksamkeit und Mühe oft relativ leicht lösen.

auch kaum mit Ihrer Katze auf eine schwarze Ledercouch setzen, er wird sich Umgebung und Alltag der Katze genau anschauen und dann mit seiner Erfahrung und seinem Know-How helfen, die möglichen Ursachen zu finden und die Katze aus ihrer Notsituation herauszuführen. Die relativ häufig vorkommenden Unsauberkeitsprobleme gehören zu den Standardaufgaben eines Katzenpsychologen. Oft lohnt es sich also – vor allem für Ihre Katze – in eine derartige Beratung zu investieren, anstatt den Teppich noch einmal reinigen zu lassen.

Gedankenspiele

Doch eine falsche Haltung hat nicht nur psychische Konsequenzen. Gerade reine Wohnungskatzen sind körperlich oft nicht ausgelastet – sie haben keinen Anreiz, Mäuse zu fangen oder auf Bäume zu klettern. Eine Fliege zu fangen ist oft die größte Anstrengung, der sie sich unterziehen müssen. Stellen Sie sich vor, Sie müssten morgen nicht mehr zur Arbeit erscheinen, Ihr Tennislehrer hätte gekündigt und Sie dürften Ihre Zeit drei Monate lang nur in der Wohnung totschlagen. Zwar liegt auf ihrem Tisch ein Haufen Yoga-Bücher – aber wozu soll man trainieren, wenn man noch nicht einmal Freunde hat, die ebenfalls die neue Sportart erlernen wollen? Als Ausgleich für alles hat man Ihnen eine

Bitte keine Langeweile aufkommen lassen – bieten Sie ihr Abwechslung und Spaß!

Aha!

Weight-Watch

Figurprobleme verringern Wohlbefinden, Gesundheit und Lebenserwartung Ihrer Katze. Übergewicht ist weit mehr als ein reiner Schönheitsfehler, es kann ernsthafte Krankheiten hervorrufen. Katzen sind zu dick, wenn man beim Streichen über ihren Brustkorb die Rippen nicht mehr fühlen kann – und sie sind zu dünn, wenn diese klar hervorstehen.

Drei-Sterne-Köchin an die Seite gestellt, die Ihnen jeden kulinarischen Wunsch von den Lippen abliest. Hamburger mit Pommes? In Ordnung – eine Gemüsesuppe wäre vielleicht gesünder, aber Sie sind der Chef.

Ohne unsere Katzen vermenschlichen zu wollen: Diese Situation ist durchaus vergleichbar. Denn welcher Katzenbesitzer kapituliert nicht, wenn die Katze das gesunde Futter auch nach dem dritten Versuch verschmäht hat und füllt ihr den Napf dann doch mit der Lieblingsmarke mit weniger ausgewogenem Nährstoffgehalt?

Zurück zu unserem Gedankenspiel: Nach drei Wochen hätten Sie etliche Kilogramm zugenommen, wären wahrscheinlich unmotiviert und hätten natürlich immer noch nicht mit dem Yoga angefangen. Das ständige Fernsehschauen hätte ihre Muskeln erschlaffen lassen, von der alten Kondition wäre nichts mehr zurückgeblieben. Nach drei Monaten würde keine Ihrer Hosen mehr passen. Zwei Kilometer joggen – allein

der Gedanke würde Ihnen den Schweiß auf die Stirn treiben.

Genauso geht es unseren körperlich unterforderten Wohnungskatzen. Ohne einen Spielgefährten überbrücken sie die Zeit, die der Mensch auf seiner Arbeitsstelle verbringt, mit Schlafen und Putzen. Zwischendurch wird etwas gefressen, dann wieder ein Nickerchen gehalten – bis der Mensch von der Arbeit kommt. Hier entscheidet sich nun, was aus dem Katzentag wird. Schmusen oder Spielen? Werden Sie Ihr nun einen Ausgleich bieten für all die für eine Katze interessanten Aktivitäten wie Neugier befriedigen, etwas Jagen, Revier absichern, und, und …

Gewichtige Folgen

Tierärzte wissen, dass die meisten Hauskatzen übergewichtig sind. Die Ursachen sind einfach: Zu viel, zu ungesundes Fressen und zu wenig Bewegung. Gerade kastrierte Katzen und Kater neigen zu dazu, überproportional an Gewicht zuzunehmen: Durch den

Wegfall eines Teils der Hormone, die für viel Aktivität und Energieverbrauch verantwortlich sind, haben sie einen viel geringeren Grundumsatz. Doch Frauchen und Herrchen reduzieren die Futterration nach der Kastration nur in den seltensten Fällen. Die durch die Kastration ruhigere Katze frisst wie vor der Operation, nimmt an Gewicht zu, wird dadurch noch unbeweglicher ...

Übergewicht ist nicht nur ein ästhetisches Problem. Zu viel Speck auf de Rippen führt zu einem zu hohen Gewicht für Knochen und Gelenke – die Gefahr, an Arthrose zu erkranken, nimmt für übergewichtige Katzen überproportional zu. Werden Sehnen und Bänder gewichtsmäßig überlastet, aber ansonsten kaum bewegt oder trainiert, verstärkt dieses den Effekt noch. Zudem stört Übergewicht den Hormonhaushalt, kann deshalb zu Diabetes führen und wirkt sich negativ auf Herz und Kreislauf aus. Nicht zu verachten ist der psychische Effekt: Eine Katze, die sich aufgrund ihrer „Rettungsringe" irgendwann nicht mehr an jeder Stelle ihres Körpers putzen kann, leidet.

Katzen-Diät?

Doch wie setzt man eine Katze auf Diät? Neben weniger, gesünderem Futter und weniger Leckerchen ist Bewegung angesagt. Selbst Wohnungskatzen können mit mehr oder weniger Mühe zum Spielen animiert werden. Wichtig: Einige Tage lang kein Futter zu geben, reicht nicht – zudem kann diese Nulldiät zu schweren Leberschäden führen. Schonender und gesünder sind eine gleichmäßige Gewichtsabnahme und die Änderung einiger Verhaltensregeln. Eine eingehende tierärztliche Beratung samt Futterumstellung sowie mehr Spiel und Spaß sollten auf dem Plan stehen.

Mehr als ein kleiner Bauch sollte es nicht sein: Der Katzenkörper reagiert sehr sensibel auf Übergewicht.

Wohnen mit Katze

32 **Die richtige Umgebung**

32 Freigang oder Wohnungshaltung?

38 Damit das Leben in der Wohnung nicht zu langweilig wird

46 Ab nach draußen – aber sicher

Spezial

36 Gefahren beim Freilauf

48 Sicherer Freilauf

Die richtige Umgebung

Doch genug von Dingen, die eine Katze krank machen können.
Wie sieht denn die optimale Umgebung für eine Katze aus?
Wo ist das kleine Wildtier wirklich glücklich?

Eigentlich ist das gar nicht so schwer –
aber so einfach, wie Sie es sich vielleicht erhoffen, auch nicht. Wie so oft
im Leben gibt es hier kein Rezept oder
Fahrplan Richtung Glücklichsein, dafür
aber viele Möglichkeiten. Die richtige
Umgebung hängt vor allem vom Charakter der Katze und von ihren Vorlieben
ab. Wir geben Ihnen hier einige Tipps
an die Hand, wie Sie Ihre Katze fordern
und glücklich machen können.

Freigang oder Wohnungshaltung?

Fangen wir mit dem sicherlich offen-
sichtlichsten Punkt an, in dem sich
verschiedene Haltungsarten unter-
scheiden: Ist die Katze ein Freigänger
oder eine reine Wohnungskatze?
Selbst Futtermittelhersteller unter-
scheiden mittlerweile zwischen diesen
zwei Typen: Freigänger-Futter ist oft
etwas kalorienreicher als Nahrung für
Wohnungskatzen, die häufig noch
spezielle zahnreinigende Komponenten
oder Anti-Haarball-Zusätze enthält.
Kein Wunder, unterscheidet sich doch
das Leben von Wohnungs- und Garten-
katzen immens.

Während eine Freigänger-Katze je
nach Wetterlage den ganzen Tag oder
die ganze Nacht im Freien verbringt,
Mäuse fängt, ihr Geschäft im Blumen-
beet verrichtet, sich mit den Nach-

Aha!

Faustregel

Katzen haben normalerweise
keine großen Probleme mit der
Haltungsform, in der sie aufgewachsen sind.

barskatzen trifft und auf der Flucht vor
fremden Katern auf Bäume klettert, ist
das Leben reiner Hauskatzen meist sehr
viel eintöniger.

Ihnen bieten sich nicht die Herausforderungen und Abwechslung der Natur,
der höchste Baum, den sie erklimmen
können, ist meistens der Kratzbaum
mit einer Höhe von vielleicht 1,20 Metern. Sie jagen keine richtige Beute, die
sich wehrt und Haken schlägt, sondern sie müssen ihre Spielmaus selber
über den Boden kicken, damit sie ihr
folgen können und wenigstens der An-
schein eines Jagdspiels entsteht. Den
größten Teil ihres Tages verbringt die
Wohnungskatze mit Schlafen und Putzen. Dafür ist ihr Leben aber auch um
einiges sicherer als das eines Freigän-
gers. Nachbars Hunde werden sie nicht
jagen, auch das Risiko eines Autounfalls
besteht in der Wohnung nicht. Vergifte-
te Häppchen sollte man dort auch nicht
finden.

Ist Ihre Katze ein Freigänger-Typ?

Ob Sie Ihrer Katze lieber Sicherheit oder Freiheit bieten sollten, hängt vor allem vom jeweiligen Charakter ab. Bei einer ruhigen und ängstlichen Wohnungskatze oder dem typischen draufgängerischen Freigängerkater wird die Wahl einfach. Doch was ist mit den Zwischentypen, der ängstlichen, aber temperamentvollen Katze oder dem draufgängerischen Kater, der aber eine Heidenangst vor Menschen hat? Wer hier nicht einfach ausprobieren kann, ob sich seine Katze eher für das Leben außerhalb oder innerhalb der vier Wände entscheidet, hat eher ein Problem damit, ihr gerecht zu werden.

Ein kleiner, temperamentvoller Kater vom Bauernhof wie Blacky (siehe Seite 25) wird in der Wohnungshaltung ohne Abenteuer unglücklich werden und Unarten entwickeln. Er wird seine überschüssige Energie an Teppichboden und Gardinen auslassen. Finden sich keine kleineren Beutetiere zum Jagen,

> In der Wohnung ist es warm und sicher – dieses Kätzchen fühlt sich wohl.

wird er irgendwann mit den Füßen seiner Menschen vorlieb nehmen. Kann er nicht auf Bäume klettern oder sie durch Kratzen an der Rinde markieren, benutzt er stattdessen den Wohnzimmerschrank.

Eine Katze vom Züchter dagegen ist in den meisten Fällen nur in der Wohnung und vielleicht im Freigehege aufgewachsen, sie kennt keine Bedrohung durch Autos. Dass Menschen und Hunde nicht immer so wohlgesonnen sind wie die Züchter und dessen Familienhund, ist ihr fremd.

Eine ältere Katzendame, die bisher in der Ein-Zimmer-Wohnung eines Rentnerehepaars gelebt hat, wird völlig überfordert sein, bietet man ihr plötzlich ein riesiges Haus mit Garten. Selbst, wenn der gesunde Menschenverstand die Haltung mit Freigang für die Katzenpsyche und ihren Körper als idealer ansieht, ist eine solche Katze in einer Wohnung besser aufgehoben.

Beispiel Shiela: Katzen, die nicht hinaus wollen

Hierzu ein kleines Beispiel aus meiner „Katzen-Familie": Shiela kam zu uns, weil sie vom Leben im Haushalt ihrer Züchter überfordert war. Äußerlich ein Löwe, war die Maine-Coon-Katzendame in ihrem Inneren eine kleine, verängstigte Katze. Aufgewachsen in einem Züchterhaushalt mit etwa 15 Katzen, drei Kindern und einem Hund, wurde es ihr irgendwann zu viel: Sie verbrachte die Tage nur noch unter diversen Schränken und Heizungen, ließ sich nicht mehr anfassen und wurde natürlich auch nicht trächtig, wie eigentlich geplant.

Shiela war etwas über ein Jahr alt, als sie zu uns kam. Ein großes Haus nur für sie alleine – das gefiel ihr, ebenso die Stille, die dort teilweise den ganzen Tag über herrschte. Und so taute Shiela langsam auf, fing irgendwann an, mich beim Lernen zu besuchen und sich mitten auf die Computertastatur zu legen, wenn ich schrieb. Auch, wenn Shiela die Möglichkeit zu Freigang hatte, hielt sie sich höchstens auf der ruhigen Terrasse auf. Alles weiter Ent-

Frischluft, Abenteuer, Sozialkontakte: Viele Katzen genießen ihre Freiheit in vollen Zügen.

Aha!

Freigang um jeden Preis?

Nicht jede Katze weiß Garten, Frischluft und Co. zu schätzen – manche Katzen fühlen sich drinnen wohler.

Einige Katzen verbringen ihre Zeit auch lieber im ruhigen Haus.

fernte war ihr zu unsicher. Fuhr jemand auf einem Fahrrad die Straße entlang, sprintete sie wieder ins Haus – klingelte der Postbote oder grüßte die Nachbarin vom Fenster aus, lag sie unter dem Bett. Shiela war einfach keine Katze, die sich gerne im Freien aufhielt. Ganze zwei Jahre dauerte es, bis sie sich etwas weiter hinaus traute, die warme Sonne genoss und sogar ab und zu eine Maus mitbrachte. Auf Rufen stand sie aber innerhalb weniger Sekunden wieder vor der Tür.

Als ich zum Studium nach München zog und keine Möglichkeit zur Katzenhaltung hatte, holte meine Großmutter Shiela zu sich. Bei uns im Haus war es damals zu ruhig gewesen, Shiela hatte sich völlig zurückgezogen und verbrachte ihre Tage nur noch unter Tischen, Schränken und Betten. Meine Großmutter hatte sich schon im Vorhinein viele Gedanken gemacht, wie sie Shiela den Freigang, den sie ja nun gewöhnt war, ermöglichen sollte. Doch dies erwies sich als unnötig: Shiela verließ den Balkon meiner Großmutter im Erdgeschoss nie, sondern lag lieber in der Sonne im Blumenkasten. Bis zu ihrem Tod versuchte sie nicht ein einziges Mal, auch nur übers Geländer zu springen.

Shiela ist das typische Beispiel einer übersensiblen Katze, die nicht nur sehr auf „ihre" Menschen fixiert ist, son-

dern auch auf eine ruhige und sichere Umgebung besteht. Shiela machte der Umzug vom großen Haus in die kleine Wohnung meiner Großmutter nichts aus, sie versuchte nicht, ihr Revier zu vergrößern – weder bei uns im Garten, noch über den Balkon meiner Großmutter hinaus. Shiela benötigte scheinbar keinen Freilauf. Auch wenn man ihn ihr anbot, ihr genügte der Ausblick aus dem Fenster oder der Sonnenplatz auf dem Balkon.

Gefahren beim Freilauf

Draußen – aber sicher!

Katzen sind neugierig, sie nehmen ihre **Umgebung** sehr genau unter die Lupe. Kein Gartenteich, kein Kellerschacht ist vor ihnen sicher. Darum sollte sich der verantwortungsvolle Katzenmensch die **Umgebung**, in der sich seine Noch-Hauskatze bald bewegen wird, genau anschauen.

1. Gibt es eine Wiese mit freilaufenden Hunden in der Nähe? Vorsicht: Selbst, wenn Katzen wendiger sind als der durchschnittliche Hund, sind letztere doch auf langer Distanz ausdauernder. Hat der Hund die Katze erst einmal gepackt, endet dies in den meisten Fällen tödlich.

2. Straßen – ob 30-er-Zonen oder Landstraßen – sollten das zukünftige Revier Ihrer Katze möglichst nicht kreuzen. Gerade Wohnungskatzen wissen die Gefahr heranrasender Autos nicht richtig einzuschätzen, Kollisionen sind meistens fatal.

3. Gartenteiche dagegen sind kaum gefährlich für unsere Katzen, weil sie in der Regel eher wasserscheu sind.

Giftpflanzeninfo der Universität Zürich

Tipp

www.vetpharm.uzh.ch/ perldocs/index_x.htm

Daheim ist's am schönsten

Am besten ist es natürlich, wenn der eigene **Garten** so interessant ist, dass die Katze nur selten einmal in die nähere **Umgebung** wandert. Dafür müssen Sie den Garten noch nicht einmal großartig umbauen, Katzen sind durchaus genügsame Tiere.

1. **Beete** werden gerne als Katzentoiletten genutzt.

Pflanzen sind schön – einige Arten können aber auch lebensbedrohlich werden!

2 **Bäume** dienen zum Klettern und Sträucher zum Verstecken.

3 Verfügen Sie über eine **Terrasse**, kann diese zu einem beliebten Ruheplatz werden – die Steine heizen sich in der Sonne leicht auf und Katzen lieben das.

Gefahr im Garten

Doch auch hier drohen Gefahren: Viele beliebte **Garten- und Balkonpflanzen** sind hochgiftig. Wer hofft, dass seine Katze schon wissen wird, was sie fressen darf und was nicht, irrt: Auch **giftige Pflanzen** können durchaus verlockend auf Katzen wirken! Der Genuss führt aber nicht selten zum Tod. Darum ist es wichtig, dass Katzenbesitzer ihre Katze nicht nur im Auge dabei haben, welche Pflanzen sie zupft, um rechtzeitig den Tierarzt rufen zu können – sie sollten auch die häufigsten **Giftpflanzen** kennen.

Doch die Katze kann sich nicht nur im eigenen Garten vergiften. Zur Sicherheit sollte bei Symptomen wie Durchfall, Krämpfen, Bewegungsstörungen, Erbrechen von Schleim und Lähmungen gleich der Tierarzt zur Rate gezogen werden.

Kennen Sie diese Giftpflanzen?

Lösung:

1 Bärlauch	**6** Herbstzeitlose
2 Buchsbaum	**7** Klatsch-Mohn
3 Eibe	**8** Maiglöckchen
4 Eisenhut	**9** Schneeglöckchen
5 Fingerhut	**10** Wacholder

Damit das Leben in der Wohnung nicht zu langweilig wird

Doch auch, wer seiner Katze keinen Freigang bieten kann oder will, muss kein schlechter Katzenhalter sein. Egal, wie Sie wählen – eines sollten Sie Ihrer Katze auf jeden Fall bieten: Abwechslung und Abenteuer. Das gilt vor allem für das Leben in der Wohnung, denn wie wir gesehen haben, braucht die Katze Abwechslung in ihrem Leben, um wirklich ausgelastet zu sein und sich wohl zu fühlen. Aber es gibt es auch jede Menge Möglichkeiten, wie Sie Ihrer Katze auch ohne Garten Spaß bieten können – und bestimmt auch selber Freude daran haben!

Wohnungsgestaltung

Verbringt die Katze ihr ganzes Leben Tag für Tag in der Wohnung, muss diese ihr das eigene, integrierte Fitnessstudio bieten, damit sie nicht irgendwann faul, übergewichtig und demotiviert wird. Alles, was Katzen draußen machen, sollte auch in der Wohnung möglich sein: Klettern, Verstecken, Jagen und Neues entdecken. Dazu muss aber nicht die ganze Wohnung zum Spielplatz umgestaltet werden, schon mit wenigen, gezielten Tricks kann man auch die kleinste Wohnung zu einem katzenfreundlichen Paradies machen.

Diese Möglichkeiten sollten auch der Wohnungskatze geboten werden: Sie

Kreativität ist gefragt: Bieten Sie Ihrer Katze Abwechslung – gerne auch mal mit Wasser!

Aha!

Bei den Wildkatzen abgeschaut

Wissenschaftliche Untersuchungen haben ergeben, dass die Tagruheplätze der Europäischen Wildkatzen zu 77,6 Prozent am Boden sind – davon aber zu 35 Prozent im Dickicht, zu 12,9 Prozent in Reisighaufen. 9,5 Prozent ihrer Zeit verbringt die Katze in Baumhöhlen oder auf dem Baum, 12,9 Prozent in Erdbauten.

braucht Versteckmöglichkeiten, eine „Aussichtsplattform" und eine gemütliche Höhle, die auch als Schlafplatz dienen kann. Im Handel gibt es jede Menge kommerzieller Produkte, die diese Bedürfnisse befriedigen. Doch nicht immer treffen sie den Geschmack des Katzenhalters, noch seltener passen sie zu dessen eigenem Einrichtungsstil. Zudem sind sie oft nicht gerade platzsparend und integrieren sich kaum bis gar nicht in die Wohnungseinrichtung.

Katzenfreunde, die ihrer Katze eine artgerechte Wohnung bieten und ihre Einrichtung dennoch nicht großartig verändern wollen, müssen aber nicht verzagen. Seien Sie einfach selber kreativ! Nicht immer braucht es einen Sisalkratzbaum mit rosa Plüschbezug – und die einzige Alternative hierzu ist nicht der teure, maßgeschneiderte Kletterbaum aus Massivholz. Handwerklich begabte Katzenfreunde können sich mit ein wenig Geschick und Fantasie sämtliches Katzenzubehör selbst bauen. Und solche, die kein Talent beim Handwerkeln hat, können, wenn ein ungenutzter Raum innerhalb der Wohnung zur Verfügung steht, diesen einfach für die Katze umgestalten.

Auf die Bäume!

Kommen wir zum wichtigstem Utensil: dem Kratzbaum. Darauf sollten Sie auf keinen Fall verzichten. Das Schärfen der Krallen sowie das Abwerfen alter Krallenhüllen ist nur ein Effekt des Kratzens, denn die Katze verteilt zudem Duftspuren über ihre Pfotensohlen. Sie markiert gewissermaßen ihr Revier – zum Glück ohne Geruchs-Effekt für uns. Die sichtbaren Spuren des Kratzens sind ebenfalls auffällige Markierungen.

Eine kratzende Katze fühlt sich wohl, sie zeigt sich uns gegenüber, Besuchern

Katzen lieben Höhlen, Tunnel und Zelte – hier lässt es sich prima verstecken.

oder Mitkatzen als selbstbewusst: „Das hier ist mein Revier, hier fühle ich mich wohl." Krallenwetzen ist ein elementares Bedürfnis aller Katzen, Entzug bedeutet Qual für sie. Darum gehört in jede Katzenwohnung ein Kratzbaum – ohne wird Ihre Katze sonst bald auf das gute Ledersofa oder den Eichen-Schrank ausweichen. Und einmal angekratzte und markierte Stellen werden immer wieder bearbeitet, um die Reviergrenzen frisch zu kennzeichnen.

Wer nicht selber basteln will, darf natürlich auch gerne auf die im Handel erhältlichen Bäume zurückgreifen! Diese lassen sich auch je nach Belieben und Wohnungsgröße ergänzen und

Tipp

Katzenbaum selbermachen

Besonders gut eignen sich mit Sisal überzogene Stämme, wie sie auch in konventionellen Kratzbäumen verbaut werden. Eine hübsche Alternative für kreative Menschen sind alte **Baumstämme** aus der Natur. Sind die **Naturstämme** erst einmal trocken und wurde die Rinde entfernt, damit sich nicht so viele Krümel lösen, ergeben sie, mit Beton in einem großen Ton-Blumenkübel festgegossen, einen schönen Katzenbaum zum Kratzen und Toben.

Ein paar Kieselsteine auf dem Beton und etwas Sisal um den Stamm machen das Ganze für den Menschen ansehnlich und für die Katze noch attraktiver.

Der Kratzbaum ist ein unverzichtbarer Einrichtungsgegenstand in jedem Katzenhaushalt.

zu einem wahren Katzenparadies ausbauen.

Groß oder klein?

Je größer der Baum ist, desto besser kann sich die Katze strecken und umso mehr kann sie klettern. Das heißt aber nicht, dass sie es auch tun wird. Eine ältere Katzendame wird wohl nicht so engagiert den Zwei-Meter-Kratzbaum erklimmen wie ein junger Hüpfer. Eine Katze, die ein paar Stunden am Tag nach draußen darf, wird den Baum wahrscheinlich weniger exzessiv nutzen als eine reine Wohnungskatze.

Am einfachsten ist es hier, die Katze nach ihrem Typ einzuschätzen – so bleiben Sie vor Fehlkäufen und sinnlosen Bastelstunden verschont. Dennoch: Auch bei ruhigeren oder älteren Katzen sollten sie nicht ganz auf einen Kratzbaum verzichten! Als platzsparende Variante eignen sich auch Sisalbretter, die Sie einfach an die Wand schrauben können.

Darf es etwas mehr sein?

Nun kommen wir aber zu den nicht so offensichtlichen Einrichtungsgegenständen, die ein Katzenhaushalt braucht. Versteckmöglichkeiten? Jagdspiele? Der Wohnzimmerschrank und die Spielmaus müssen es doch auch tun …

Um ehrlich zu sein: Ja, tun sie auch. Steht der Katze eine große Wohnung oder besser ein Haus mit vielen verschiedenen Zimmern, Gerüchen, Versteck- und Spielmöglichkeiten zur Verfügung, kann sie je nach Lust und Laune einen Raum wählen, sich verstecken oder vom Kleiderschrank aus ihre Menschen beobachten.

Werden der Katze aber ein Großteil der Räume verwehrt oder lebt sie in

Aus einem Schuhkarton und Toilettenpapierrollen lässt sich schnell ein interessanter Pfötelkasten bauen.

einer kleinen Wohnung ohne großartige Betätigungsmöglichkeiten, kann das Leben leicht langweilig werden. Gerade in kleinen Wohnungen ist oft wenig Platz für einen großen Kratzbaum, ein eigenes Katzensofa und eine spezielle Kuschelhöhle. Hier ist es umso wichtiger, für die Bedürfnisse der Katze in der eigenen Wohnlandschaft zu sorgen.

Bewegungs- und Versteckspiele

In der freien Wildbahn findet sich die Katze dauernd neuen Eindrücken und Situationen gegenüber. Das hält sie flexibel und aufnahmefähig und schult die Intelligenz. Damit die Katze in der Wohnung nicht nach und nach abstumpft, sollten Sie ihr auch dort etwas Abwechslung bieten und sie zur Bewegung und zum Lösen neuer Aufgaben anhalten. Dazu eignet sich

vor allem ein Agility-Parcours, wie er in der Hundeschule und in der Pferdeerziehung schon lange Zeit eingesetzt wird. Zwar wird eine Katze kaum einen

Ein haariges Thema

Tipp

Wo Katzen sind, sind auch Katzenhaare. Die elektrische Aufladung zieht Katzenhaare an, sie lassen sich so ganz einfach abnehmen. Abhilfe verschafft regelmäßiges Bürsten des Stubentigers. Auf dem Polster dient als Hilfe in der Not breites Klebeband: Einfach auf die betreffende Stelle legen und abziehen. Sind Polster und Möbel regelmäßig durch Haare verunstaltet, hilft auch ein feuchter Gummihandschuh, mit dem man die Haare von den die betroffenen Möbelstücken abstreichen kann.

Slalom um rot-weiße Hütchen hinlegen, trotzdem gibt es einige Übungen, die auch die meisten Samtpfoten begeistert annehmen.

Für einen solchen Agility-Parcours müssen Sie nicht zu einfache, aber auch keine unüberwindbaren Hindernisse für

Ein selbstgebauter Catwalk kann Teil eines Agility-Parcours für Katzen sein – kann aber auch zum Dösen benutzt werden ....

Ihre Katze schaffen. Hierzu braucht es zum Beispiel nur ein paar alte Kartons, die man in die Türöffnungen stellt. Will die Katze nun aus oder in den Raum, muss sie erst einmal klettern – oder einen anderen Weg suchen.

Als Alternative bietet sich ein altes Regalbrett an, das über zwei Stühle gelegt und zur Brücke wird. Verstreut man hier ein paar Leckerlis, wird die Katze nach einem Weg suchen, um an die Leckereien zu kommen – und schließlich den ersten Schritt auf das für sie ungewohnte Hindernis setzen. Auch mit Methoden wie dem Clickertraining (siehe dazu Seite 76) können Sie Ihre Katze Schritt für Schritt in das neue Abenteuer begleiten.

Platzsparende Möglichkeiten, der Katze Abwechslung zu bieten, bieten sich zum Beispiel mit einem handelsüblichen „Rascheltunnel". Die Katze kann ihn selbst oder hineingegebene Spielsachen entdecken, und er kann ihr auch als Versteck dienen.

Die günstige Alternative sind Papiertüten, die viele Katzen als knisterndes Versteck lieben. Sobald die Henkel abgeschnitten sind, bieten Sie Spiel und Spaß bei kleinen Wohnräumen. Wenn sich Besuch ankündigt, lassen sie sich zudem schnell zusammenlegen und hinter dem Schrank verstauen.

Natürlich können sie auch verschiedene Elemente zu einem richtigen Spielplatz kombinieren. Noch interessanter wird es, sobald der Mensch mitspielt. Hierzu aber später mehr.

Für den Überblick

Katzen lieben erhöhte Sitz- und Liegeplätze. Es gibt für sie nichts Schöneres als die Aussicht „von oben" – und das ist auch kein Wunder. Schließlich ist die Katze ein Raubtier, das am liebsten

einen kompletten Überblick über ihr
Revier hat! Darum sollten wir unserer
Katze diesen „Baumersatz" auch in der
Wohnung bieten. Hierfür brauchen Sie
nicht unbedingt einen großen Kratz-
baum.

1 Eine kreative Möglichkeit, die
zudem wenig Platz wegnimmt,
ist ein so genannter Catwalk. Hierzu
bringen Sie versetzt einige Regalbretter
mit Winkeln an der Wand an, sodass
Ihre Katze wie auf einer langgezogenen
Treppe hinauf und vielleicht sogar um
das Zimmer herum laufen kann. Beziehen Sie die Bretter zudem noch mit
etwas Teppich, kann der Catwalk auch
zu einem Aussichts- und Schlafplatz
werden.

2 Auch ein kleines, aber stabiles Bade-
zimmerregal eignet sich perfekt als
Aussichtsplattform. Legen Sie einfach
ein dickes Kissen oder eine kuschelige
Decke auf die oberste Etage, stellen Sie
einen Stuhl als „Aufsteighilfe" dane-
ben – schon kann die Katze auf das Re-
gal klettern und die Aussicht genießen.

3 Und es geht noch platzsparender:
Alternativ kann man der Fellnase
auch eine Etage im eigenen Bücherregal
einrichten oder ihr das Fensterbrett mit
einem Stück Teppich oder etwas Stoff
gemütlich machen. Aussicht inklusive!

4 Wohnungskatzen lieben die Aus-
sicht aus dem Fenster, je lebendiger
es draußen zugeht, umso besser. Die
hektische Innenstadt ist darum für eine
Katze sehr viel interessanter als der
Ausblick auf ein idyllisches grünes Feld.
Katzen lieben es, sich die Sonne auf das
Fell scheinen zu lassen und sich in der
Wärme zu räkeln.

So sieht es draußen aus: Am Fenster ist gibt es
Spannendes zu beobachten.

Aha!

Sonne über alles

Dabei hat Sonnenlicht auch
ganz essenzielle Bedeutungen
für den Organismus der Katze:
Sonnenlicht fördert die Produk-
tion des für Katzen lebenswich-
tigen Vitamin D. Dieses ist für
den Knochenaufbau und die
Gesunderhaltung des Skeletts
unentbehrlich. Ein Mangel während der Wachstumsphase kann
zu Knochenverformungen und
Knochenschwäche führen.

Zum Entspannen brauchen Katzen einen Ruheplatz, der diese Bezeichnung wirklich verdient.

Sicher mit Netz

Fenster, die Ihre Katze als Aussichtsplattform nutzt, sollten Sie aber auf jeden Fall mit einem Katzennetz sichern. Das gilt vor allem dann, wenn

Schnell-Check ✔	
Hat meine Katze alles, was sie braucht?	
Klettermöglichkeiten	
Kratzmöglichkeiten	
Versteckmöglichkeiten	
Einen Aussichtsplatz	
Einen sicheren Schlafplatz	
Einen Rückzugsort	

sie gerne und lange lüften oder Ihrer Katze ein wenig Frischluft am offenen Fenster bieten möchten. Katzen können Höhen zwar sehr gut einschätzen, ein vorbeifliegender Spatz lässt sie aber oft jegliche Vorsicht vergessen. Selbst wenn sie aufgrund der Höhe nicht aus dem Fenster springen würde, kann sie doch stürzen oder sich im gekippten Fenster verklemmen. Derartige Unfälle sind in Sekundenbruchteilen geschehen. Aus einem gut mit einem handelsüblichen Katzennetz gesicherten Fenster kann aber schnell ein richtiger Freiluft-Balkon für die Katze werden.

Höhlen

Haben Sie schon einmal Ihre Katze beim Dösen beobachtet? Sicherlich wird Ihnen dann aufgefallen sein, dass sich die Katze nur selten wirklich entspannt. Ein Ohr ist immer auf die Umwelt gerichtet, wie Satelliten richten sich die empfindlichen Hörorgane sofort auf jedes Geräusch aus. Wird dieses als interessant oder gefährlich bewertet, ist die Katze sofort zum Sprung bereit.

Befindet sich die Katze aber in ihrer Tiefschlafphase, entspannt sie sich vollkommen. Die streckt sich aus, fließt fast vom Kissen, nicht selten zucken die Pfötchen in einer Traum-Mäusejagd. Für diese Traumphasen braucht die Katze aber völlige Sicherheit, denn in der Wildbahn könnte eine derartige psychische Abwesenheit am falschen Platz tödliche Auswirkungen haben. Daher sollten Sie Ihrer Katze einen ruhigen Unterschlupf zum Schlafen bieten.

Einige Katzen suchen sich aus freien Stücken den Bettkasten für ihr Nachmittagsnickerchen aus. Wer Katzenhaare auf der Bettwäsche vermeiden will, kann seiner Katze zum Beispiel aus eine schöne Höhle aus einem Karton bauen

Katzengras oder selbstgezogenes Getreide bringt etwas Natur ins Hauskatzenleben.

oder einfach auf eine Katzenhöhle aus dem Handel zurückgreifen. Oft reicht auch schon eine weiche Decke, die Sie einfach unter einem mit einer Husse überworfenen Stuhl ausbreiten können. Aber vergessen Sie beim Verrücken des Stuhls bitte nicht, wer darunter gerade sein Mittagsschläfchen halten könnte …

Ein bisschen Grün

Katzen knabbern für ihr Leben gerne an Pflanzen. Diese Angewohnheit ist kein Tick, Katzen benötigen tatsächlich die Hilfe von Katzengras, um unverdauliche Haarballen auswürgen zu können. Steht kein entsprechendes Gras zur Verfügung, vergreifen sich die Sofatiger gerne an Zimmerpflanzen, eventuell mit bösem Ende. In einem flachen Topf auf dem Fensterbrett sprießt es auch in der Wohnung und Ihre Zierpflanzen bleiben zudem vor Katzenzähnen verschont. Im Handel gibt es fertige Plastikschalen mit Katzengras zu kaufen – allerdings haben diese einige Nachteile: Die Schalen sind in den meisten Fällen zu leicht für das begierige Rupfen der Katze und landen allzu schnell auf dem Fußboden. Auch reißen die Katzen leicht den ganzen Inhalt auf einmal aus. Besser eignen sich flache Terrakottaschalen, in denen Sie einfach fertige Katzenminzesamen oder Weizen, Gerste und Hafer aussähen können. Vielleicht pflanzen Sie auch gleich eine kleine Auswahl für Ihre Katze – wer weiß, vielleicht hat sie bestimmte Vorlieben?

Eine Alternative zum ungesicherten Freigang: ein gesicherter Balkon.

Ab nach draußen – aber sicher

Sie sehen also: Um eine Wohnung katzengerecht einzurichten, brauchen Sie weder viel Platz, noch viel Geld. Sie müssen nicht einmal ihren eigenen Einrichtungsstil großartig verändern. Doch trotz allem kann es sein, dass die Katze immer noch den Drang nach draußen verspürt. Keine Bange: Es gibt auch Möglichkeiten, Katzen „dosiert" Freigang zu bieten!

Katzenfreunde sind oft froh, dass sie mit einer Katze zusammen leben und nicht mit einem Hund. Jeden Tag mehrmals Gassi gehen, bei Wind und Wetter – da ist es doch viel angenehmer, sich mit der verschmusten Katze aufs Sofa zu kuscheln!

Leinengänge

Doch was tun, wenn Mauzi partout nicht mit der Wohnungshaltung glücklich ist, wenn sie die Vorhänge hochklettert, das neue Sofa zerkratzt, ihr Geschäft auf den flauschigen Teppich verrichtet – oder einfach nur penetrant miauend vor dem Fenster sitzt, uns mit großen Augen anschaut und einfach nur raus will? Und wenn Sie dazu nicht die Möglichkeit haben, Ihrer Katze einen sicheren Freilauf zu gewähren – sei es wegen der benachbarten Schnellstraße oder des fehlenden Gartens?

Keine Angst, auch hier gibt es Möglichkeiten, einen Kompromiss zwischen sicherer Wohnungs- und interessanter Freigangshaltung. Die bekannteste und mittlerweile auch sehr beliebte Variante ist es, mit seiner Katze an der Leine spazieren zu gehen. Doch Katzen sind keine kleinen Hunde, ruhiges Durch-die-Stadt-Flanieren mit Sitz, Platz und Halt ist hier kaum möglich – außer vielleicht mit einigen ruhigen Katzentypen.

In der Regel geht die Katze mit ihrem Menschen Gassi: Wo die Katze hin will, muss auch der Mensch folgen, auch wenn er dort gar nicht hin will ... Aus diesem Grund sollten Sie ruhige Gärten oder kleine Parkanlagen, in denen sich keine spielenden Kinder, freilaufende Hunde befinden oder andere Gefahren lauern könnten, für den Spaziergang wählen. Ideal ist natürlich der eigene Garten, in dem Katze und Mensch

Aha!

Achtung!

Da sich der Katzenkörper elementar von dem des Hundes unterscheidet und nicht annähernd so „stabil" ist, sollte die Leine auf keinen Fall an einem Halsband befestigt werden. Wird auch nur ein geringer Zug auf die Leine ausgeübt besteht bereits die Gefahr, die Katze zu erwürgen. Aus diesem Grund sollten sie auf handelsübliche **Geschirre** für kleine Hunde oder speziell für Katzen zurückgreifen. Noch sicherer sind sogenannte Cat Walking Jackets, die es bisher noch nicht in Deutschland zu kaufen gibt.

garantiert ihre Ruhe haben und die Zweisamkeit genießen können.

Erschrickt eine Katze an der Leine, springt sie im Reflex blitzartig rückwärts und kann sich so allzu schnell erdrosseln. Dies kann selbst mit Geschirr passieren. Denn um eine Katze in Panik zu versetzen braucht es nicht viel – das Hupen des Postautos oder ein lautes Schließen der Fenster von den Mietern über Ihnen reicht oft aus. Der Katzenkörper ist zwar an sich stabil, aber nicht für die Belastung eines Brustgeschirrs gemacht. Wird ein zu hoher Druck ausgeübt, ist dies nicht nur unangenehm, sondern auch gefährlich für die Katze und kann bei zu starkem Zug am Halsband sogar zum Tode führen. Aus diesem Grund sollten Sie Ihre Katze gut kennen, bevor es losgeht. Ist sie sehr sensibel oder schreckhaft? Dann werden

wahrscheinlich weder Sie noch Ihre Katze mit der Leinen-Lösung glücklich.

Nicht ohne Training

Selbst, wenn Ihre Katze zu den robusteren Naturen gehört, sollten Sie sie also vorher sorgfältig an das Geschirr gewöhnen. Außerdem sollte sie sich bei Gefahr schnell einfangen und auf den Arm nehmen lassen und weder aggressiv noch übermäßig ängstlich auf Menschen und Tiere reagieren. Natürlich sollte die Katze auch nicht zum Gassi-Gehen gezwungen werden, wenn sie keinen Spaß daran hat. Suchen Sie dann lieber nach einer anderen Alternative.

Schon in der Wohnung wird die Katze Schritt für Schritt, am Anfang nur für ganz kurze Phasen, mit Geschirr und Leine vertraut gemacht. Belohnen Sie nach jedem kleinen Fortschritt: bei jungen Katzen mit Kraulen und ein wenig Spiel, bei älteren mit etwas Leberwurst am Finger. Sobald sich die Katze gegen das Geschirr sträubt: abnehmen und ein andermal wieder versuchen. Man muss dabei sehr geduldig vorgehen, solange,

So gewöhnen Sie Ihre Katze an die Leine

> Die Katze sollte schon in der Wohnung an das Geschirr gewöhnt werden

> Toleriert die Katze das Brustgeschirr, kann die Leine eingehakt werden

> Die Katze nie alleine mit Geschirr und Leine in der Wohnung herumstromern lassen: Strangulierungsgefahr!

> Erste Freiluft-Übungen im eigenen Garten

Sicherer Freilauf

Immer mit der Ruhe

Dennoch: Bei allen Gefahren sollte man den **Spaß** und die **Abwechslung**, die das Leben mit Freigang bietet, nicht unterschätzen. Einzelkatzen können hier **Sozialkontakte** pflegen, temperamentvolle Jungkatzen dürfen sich **austoben**, sensible Kätzchen die **Sonne genießen**. Damit der Freigang aber auch wirklich ein Spaß für Ihre Katze wird, sollten Sie das „Projekt" langsam angehen. Lassen Sie ihrer Katze **Zeit**, sich an das Leben ohne Wände zu gewöhnen – vielleicht erleichtert es ihr die Veränderung, wenn die Terrassen- oder Wohnungstür die erste Zeit lang geöffnet bleibt, sobald sie sich außerhalb des gewohnten Gebietes befindet. Eventuell fühlt die Katze sich auch wohler, wenn Sie sie bei den ersten Schritten in die Freiheit begleiten.

Aha!

Prüfe, wer sich binde

Halsbänder sollten nicht die erste Wahl für Katzen sein. Viel zu schnell können die Tiere mit dem Band an einem Baum oder Zaun hängenbleiben – selbst eine eingebaute **Sollbruchstelle** im Halsband kann ein Ersticken oft nicht verhindern, wenn eine Katze sich damit stranguliert hat. Investieren Sie besser in eine Kennzeichnung, durch die ihre Katze eindeutig identifizierbar wird!

So schön es auch in der Sonne ist – irgendwann wird es Zeit, nach Hause zu gehen.

Damit die Katze auch garantiert den Weg zurück ins heimische Wohnzimmer findet, empfiehlt es sich, sie **ohne vorherige Fütterung** nach draußen zu entlassen. Der knurrende Magen zeigt auch dem abenteuerlustigsten Schelm den Weg nach Hause! Hört die Katze auf ihren Namen, erleichtert dies die Veränderung ebenfalls.

Mit Wiedererkennungseffekt

Dass nur **kastrierte**, **geimpfte** und eindeutig **identifizierbare** Kater und Katzen nach draußen dürfen, sollte selbstverständlich sein. Leider beobachtet man aber so oft unkastrierte und ungechipte oder untätowierte Katzen in Wohngebieten. Tun Sie sich und Ihrer Katze einen Gefallen: Beschränken Sie die Gefahren auf ein Minimum. Hierzu gehören eben nicht nur …

> die **Impfung**,

> sondern auch **Mikrochip** oder **Tätowierung**, damit man Ihnen Ihre Katze im Fall des Falles zurückbringen kann.

> Zudem sollten Sie in Ihrem eigenen Sinne und dem Ihrer Katze eine **Kastration** durchführen lassen. Nicht kastrierte Kater neigen eher zum „Wandern" als ihre kastrierten Geschlechtsgenossen, die Gefahr von Unfällen oder Infektionen steigt. Abgesehen davon: Gibt es nicht schon genug Katzen in **Tierheimen**, die ungeplant geboren wurden und die auch später keiner mehr haben will?

Durch die Tätowierung kann die Katze ihrem Besitzer zugeordnet werden.

Schnell-Check ✓

Fit für die Wildnis?

Hört die Katze auf ihren Namen?

Ist die Katze geimpft?

Entwurmen Sie Ihrer Katze regelmäßig?

Ist die Katze durch einen Mikrochip oder eine Tätowierung identifizierbar?

Ist Ihre Katze kastriert?

bis sich die Katze nicht mehr gegen dieses Teil am Körper wehrt. Wenn sie es praktisch ignoriert und es später auch als normal empfindet, dass der Mensch vor, neben und hinter ihr geht, sind die grundsätzlichen Voraussetzungen erfüllt. Mit etwas Übung und Geschick kann dann der Leinengang schließlich zum entspannenden Erlebnis für Sie und Ihre Katze werden.

Auslauf in Raten: Das Freigehege

Sind weder Sie noch Ihre Katze begeistert von Spaziergängen an der Leine, können Sie Ihrer Katze dennoch Frischluft und ein wenig Wildnis bieten. Hierzu brauchen Sie einen Garten oder zumindest einen Balkon, den Sie zu einem perfekten kleinen Katzengehege gestalten können, das Ihrer Katze alles bietet, was sie braucht.

Um alle Widersprüche gleich im Keim zu ersticken: Nein, eine Katze ist kein Zootier, sie gehört nicht in einen

Sicher und abwechslungsreich: Ein großes und spannend eingerichtetes Freigehege für Katzen.

Käfig. Aber Katzen sind ebenso wenig Langstreckenläufer – was für Leute mit kleinen Wohnungen oder Balkonen durchaus ein großer Vorteil sein kann. Ein gut durchdachter Balkon oder ein ebensolches Freigehege kann dem Katzenleben mehr Abwechslung bieten als eine riesige, langweilige Rasenfläche. Und vor allem mit dem Vorteil, dass die Gefahren des Freiganglebens auf ein Minimum reduziert werden. Vorausgesetzt, Sie sichern Ihren „Dschungel auf Raten" entsprechend ab. Auch hier ist es das Ziel, der Katze möglichst viel freie Natur zu bieten – inklusive der Plätze, die sie auch in der Wohnung oder im Garten braucht.

Freigehege-Varianten

Viele Firmen bieten mittlerweile Komplettlösungen für den Bau eines Freigeheges oder eines abgesicherten Balkons an. Diese Baukästen sparen Ihnen eine Menge Stress und Planung, sind aber in der Regel auch teurer als das Freigehege Marke Eigenbau. Wer Spaß am Handwerkeln hat oder Geld sparen will, kann sich sein Freigehege also einfach selber bauen. Dabei ist der Balkonien-Dschungel um einiges einfacher zu realisieren als ein „richtiges" Gehege im Garten. Am Balkon reicht meist schon ein einfaches Katzenschutznetz aus dem Handel, das mit Hilfe entsprechender Haken und Dübel an der Hauswand sowie, wenn dies möglich ist, am Boden des oberen Balkons befestigt wird. Unüberdachte Balkone sollten mit Teleskopstangen nach oben abgesichert werden. Eine Alternative ohne Bohren bietet sich mit Spannstangen und Mauerklemmen.

Wer ein Freilaufparadies im Garten schaffen will, muss etwas mehr Mühe und Arbeit aufwenden. Auch hier muss

Frischluft tut Wohnungstigern gut – ein Freigehege auf der Terasse ist eine tolle Alternative.

Aha!

Berauschend ...

Die Bestandteile Actinidin und Nepetalacton machen Katzenminze so unwiderstehlich für die Katze. Diese ätherischen Öle werden besonders durch das Verreiben der Blätter freigesetzt.

zuerst ein Grundgerüst aus Metall oder Holz gebaut werden, das in alle vier Richtungen und nach oben hin mit Katzendraht abgesichert wird. Vergessen Sie die Tür nicht!

Einfacher wird es natürlich, wenn Sie Ihre Terrasse zu einem Katzen-Wintergarten umbauen. So können Sie auch gemeinsam mit Ihrer Katze schöne Lese- und Schmusestunden genießen und ihr zudem freien Zugang zum Haus gewähren.

Der gesicherte Garten

Eine weitere Alternative ist die Sicherung des gesamten Gartens durch spezielle Katzenzäune. Da hier in der Regel die Netzabdeckung oben fehlt, sollten die Zäune mindestens zwei Meter hoch sein, damit auch kletterfreudige Sofatiger nicht so einfach entwischen können. Achten Sie auch darauf, dass keine Bäume oder hohen Sträucher in der Nähe des Katzenzauns wachsen – diese werden gerne als Leiter zum Überwinden des Zauns genutzt.

Zum Schutz Ihrer Katze sollten Sie auch hier auf konventionelle Katzengitter aus dem Handel zurückgreifen – in Maschendraht- oder Kaninchenzäunen können sich dünne Katzenkörper oder kleine Beinchen beim Versuch des Klet-

terns verheddern. Wer hier unsicher ist, tut gut daran, lieber ein paar Euro mehr in spezielle Katzenzäune zu investieren.

Gestaltung

Steht das Gerüst und sind Balkon und Garten erst einmal sicher, geht es an die Gestaltung. Hier ist Kreativität gefragt: Wie biete ich meiner Katze auch auf wenigen Quadratmetern einen richtigen Wald?

Auf eines sollten Sie auf keinen Fall verzichten: Pflanzen. Sie schenken nicht nur Schatten, bieten tolle Versteckmöglichkeiten und sehen hübsch aus, mit den angelockten Insekten wird Ihre Katze garantiert auch viel Spaß haben und sich fühlen wie ein richtiger Tiger. Zudem lieben die meisten Katzen die verschiedensten Gerüche. Hierzu empfiehlt sich, eine flache Schale mit diversen Kräutern zu bepflanzen. Besonders Katzenminze, Thymian und andere Kräuter wirken auf die Miezen attraktiv. Wundern Sie sich nicht, wenn

Ein kreativ gestaltetes Katzengehege bietet Katzen immer wieder Neues.

das Grünzeug regelmäßig plattgelegen ist: Katzen lieben es, sich in derartig duftenden Kräutern zu wälzen! Die Katzenminze ruft einen harmlosen Rausch hervor und kurbelt den Spieltrieb an. Dieser Zustand kann bis zu einer halben Stunde andauern, danach entspannen sich die meisten Katzen aber umso besser und schlafen nicht selten mitten im Blumenkübel ein.

Doch nicht jede Katze reagiert auf Katzenminze. Sollte das Kraut Ihre Fellnase kalt lassen, können Sie es mit Baldrian versuchen. Während Katzenminze auch für uns nicht besonders unangenehm duftet, verbinden wir den muffigen Geruch von Baldrian mit ungewaschenen Füßen. Überlegen Sie

es sich also gut, bevor Sie die Pflanze auf Ihrem Balkon anpflanzen!

Etwas harmloser für die eigenen Geruchsnerven und für Katzen sehr wichtig ist Gras, auch im kontrollierten Freilaufgehege. Besonders Katzen, die mehr Zeit in der Wohnung verbringen, freuen sich über ein paar frische Halme als Knabberei zwischendurch. Sie können normales Gras aussäen, in Töpfen, Blumenkästen oder in einem Beet. Auch verschiedene Getreidesorten wie Weizen, Gerste und Hafer eignen sich dazu oder Sie können auf Zyperngras zurückgreifen, das allerdings ungespritzt sein sollte. Ist das Gras hoch genug, bietet es der Katze nicht nur einen kleinen Snack für zwischendurch, sondern kann gleichzeitig als Versteck und Liegeplatz genutzt werden. Ein echtes Multitalent also!

Outdoor-Möbel

Ist für die Bepflanzung gesorgt, fehlen noch Versteck-, Kratz-, Buddel- und Klettermöglichkeiten. Wer kein Geld für einen speziellen Outdoor-Kratzbaum ausgeben möchte, kann hier einfach auf den im Kapitel „Wohnungsgestaltung" vorgestellten Kratzbaum aus Altholz zurückgreifen. Zum Kratzen und Klettern eignet sich ebenso ein trockenes Stück Ast oder ein Holzbalken, schräg an die Hauswand oder das Gitternetz gelegt und mit Dübeln gesichert. So bricht die Konstruktion nicht bei der ersten Begegnung mit der übermütigen Katze zusammen.

Viele Katzen vergraben ihre Exkremente besonders gerne in der freien Natur. Darum ist es perfekt, wenn das Katzengehege auch eine kleine Sand- oder Erdgrube umfasst. Auf dem Balkon eignet sich eine Außen-Katzentoilette. Allerdings sollte diese zur Wetterseite hin geschlossen sein – vor allem, wenn sie mit Klumpstreu gefüllt wird.

Als Versteckmöglichkeiten in der freien Natur bieten sich große Blumenkübel aus Holz oder Ton an, die auf die Seite gelegt, eine perfekte Höhle ergeben. Sichern Sie runde Töpfe mit ein paar Holzkeilen so ab, dass sie nicht mitsamt der verdutzen Katze wegrollen. Natürlich können Sie auch hier auf alle Möglichkeiten, die Sie Ihrer Katze in der Wohnung bieten, zurückgreifen: Holzkisten, Pappkartons, spezielle Katzenhöhlen – Ihrer Kreativität sind keine Grenzen gesetzt! Allerdings, auf wetterfeste Materialien sollten Sie achten, wenn Ihr Balkon oder Katzengehege nicht überdacht ist.

Heute schon geplanscht?

Besonders spannend wird es natürlich, wenn Sie Ihrer Katze eine kleine Wasserstelle bieten. Vorteilhaft sind spezielle Trinkbrunnen: Katzen lieben bewegtes Wasser – und da besonders Trockenfutterliebhaber grundsätzlich zu wenig trinken, wirken sich solche Quellen positiv auf das Trinkverhalten aus. Manche Katzen mögen auch das Spiel mit dem kühlen Nass. Als Animation hierzu eignen sich in die Schale geworfene Trockenfutter-Brösel oder Trockenfische, die die Katze mit etwas Geschick herausangeln und verspeisen kann. Bauen Sie doch auch einmal kleine Papierboote und füllen sie mit allerlei Leckereien, die sich Ihre Katze dann erarbeiten muss!

Übergriffe auf Zimmerpflanzen werden verhindert, wenn Sie Ihrer Katze Katzengras anbieten.

Katzen-Knigge

56 Katzen brauchen Grenzen

56 Erziehung – muss das sein?

60 Goldene Regeln für das gemeinsame Leben

Test

63 Ist meine Katze gut erzogen?

Katzen brauchen Grenzen

Dass eine Katze kein Hund ist, wird wohl niemand ernsthaft bezweifeln. Die Unterschiede zwischen den beiden liebsten Haustieren der Deutschen sind groß – nicht nur körperlich.

Während sich der Hund als Rudeltier dem Menschen wenigstens zu einem Teil unterordnet, wird sich die Katze immer als hierarchisch gleichgestellt fühlen. Um das Zusammenleben zu erleichtern, sollte der Erziehungsgedanke aber nicht ganz verworfen werden.

Erziehung – muss das sein?

Sitz und Platz gehören zur Grunderziehung eines jeden Hundes – wer dies von seiner Katze erwartet, beißt in der Regel auf Granit. Katzen sind nicht erziehbar: Dieser Meinung sind sogar die meisten Menschen, die schon seit Jahren mit einer Katze zusammenleben. In der Tat gibt es in einer Katzengruppe

Nase weg vom Blumenstrauß! – egal, wie gut er riecht.

keine feste Rangordnung. Muss man der Katze also völlig freie Hand lassen? Nein. Etwas Erziehung muss sogar sein, damit ein harmonisches Zusammenleben überhaupt möglich wird.

Im Gegensatz zu den meisten anderen Kleintieren ist der Betätigungsraum der Katze nur selten auf ein paar Quadratmeter oder ein bestimmtes Zimmer zu beschränken. Katzen leben mit uns. Sie teilen Heim, Herd und auch das Bett mit uns. Darum müssen sie auch ein paar Regeln lernen. Das heißt nicht, dass die Katze Männchen machen und auf Befehl sitzen muss, Erziehung bedeutet nicht Abrichten. Ganz im Gegenteil: Schlägt man im Wörterbuch nach, ist das Ziel der Erziehung, den Charakter einer anderen Person zu fördern und ihr das eigenständige, mündige Leben zu ermöglichen.

Das möchten wir auch bei unserer Katze erreichen. Ich vermute, dass kaum ein Katzenfreund Lust hat, sein Tier auf Schritt und Tritt zu verfolgen – auch in seiner Abwesenheit sollten Tisch und Gardinen für die Katze tabu sein. Doch Katzen sind keine Menschen, man kann ihnen nicht erklären, warum der Bereich oberhalb der Küchenablage nicht für sie bestimmt ist oder warum sie nicht beim Essen betteln dürfen. Wie es ihr also klarmachen?

Wie Katzen lernen

Eine Katze lernt ständig dazu, darum vergisst sie einmal begriffene Aktionen aber auch schnell wieder. Ist Ihnen schon einmal aufgefallen, dass Ihre Katze beim Geraschel der Trockenfuttertüte sofort in der Küche steht? Sie hat begriffen, dass diese Geräusche mit der Gabe von Futter, also einer Belohnung, zusammengehören. Für dieses Phänomen gibt es auch eine wissenschaft-

Hier ist Konsequenz gefragt: Betteln sollte für die Katze tabu sein.

liche Erklärung, benannt nach dem russischen Mediziner Iwan Petrowitsch Pawlow.

Pawlow entdeckte das Prinzip der klassischen Konditionierung, als er beobachtete, dass Hunde schon beim Anschlagen einer Glocke Speichel produzierten – vorausgesetzt, der Glockenton ging ansonsten der Fütterung voraus. Irgendwann reicht der Reiz des Glockentons allein aus, um den physiologischen Effekt, in diesem Fall die Speichelproduktion, auszulösen. Auch wenn Pawlows Studien medizinisch-biologischer Art waren, legte er damit den Grundstein für zahlreiche Verhaltens- und Lerntheorien.

So werden Sie auch bei Ihrer Katze beobachten, dass sie sofort auf das Rascheln der Trockenfuttertüte oder das Geräusch des Dosenöffners reagiert, weil sie diese innerlich mit der Fütterung verbindet. Könnte die Katze nach dem Rascheln der Futtertüte irgend-

Katzen lernen sehr schnell und wachsen an neuen Herausforderungen.

wann mit keinem Leckerli mehr rechnen, würde sie entsprechend nach einer gewissen Zeit nicht mehr darauf reagieren.

Wildkatzen und wildlebende Katzen müssen sich in der Natur immer wieder neuen Herausforderungen stellen und veränderten Umweltbedingungen anpassen. Diese Fähigkeit hat auch unsere Hauskatze nicht verloren. Selbst wenn eine Katze es lange Jahre zuvor aufgegeben hat, am Tisch zu betteln, kann sie eines Tages doch wieder pünktlich zur Essenszeit am Stuhl ihres Menschen stehen – und dies nur, weil ihr ein Besucher während des Abendessens einen kleinen Brocken vom Teller

gereicht hat. Das heißt, dass die einmal konditionierte Verhaltensweise auch wieder geweckt werden kann, wenn der Reiz nur stark genug ist und die Belohnung folgt. Aus diesem Grund ist bei der Katzenerziehung vor allem eins gefragt: Konsequenz. Katzen erziehen ist nicht schwer, sie zu verziehen aber auch nicht.

Wir wollen unserer Katze aber keine Kunststückchen beibringen – es sei denn, sie hat Spaß daran. Vielmehr geht es darum, das Zusammenleben von Katze und Mensch zu erleichtern. Sie werden mir sicherlich zustimmen, dass die Katze einige grundlegende Dinge lernen muss, damit nicht jeder Tag zur nervlichen Zerreißprobe wird. Nicht? Dann benutzt Ihre Katze nicht das Katzenklo, sondern bevorzugt Ihre Blumenkübel? Sehen Sie: Sie haben schon unbewusst mit der Erziehung ihrer Katze begonnen – ohne es überhaupt zu wollen.

Erziehungsmethoden

Doch wie macht man einer Katze begreiflich, dass das Essen ihrer Menschen nicht für sie bestimmt oder das Sofa tabu ist? Vergessen Sie bitte gleich die Möglichkeit, Ihrer Katze mit körperlicher Züchtigung Manieren einzubläuen. Dies geht garantiert nach hinten los. Ihre Katze wird Sie und Ihre Hand bald fürchten und Sie erreichen genau das Gegenteil von dem, was Sie anstreben. Die Katze versteht nicht, warum Sie das tun und eine harmonische Beziehung mit Ihrem Haustiger wird unmöglich. Das gleiche gilt für Bestrafungsmethoden wie das Eintunken der Nase einer unsauberen Katze in den Urin. Sie verschlimmern damit das Problem nur.

Einige Katzenexperten empfehlen „neutrale" Erziehungsmethoden wie zum Beispiel doppelseitiges Klebeband auf der Küchenanrichte, weil die Katze darauf nicht gerne läuft. Solche Erziehungsmethoden sollen auch dann wirken, wenn Sie nicht da sind – denn es gibt äußerst viele, angeblich wohlerzogene Katzen, die auf Tisch und Küchenanrichte tanzen, sobald der Mensch aus dem Haus ist.

Ich muss allerdings zugeben, dass mir diese Erziehungsmethoden zu umständlich waren. In den ersten Wochen, nachdem Fleckli zu uns gezogen war, musste ich meinen Freund erst einmal davon überzeugen, dass Katzen weder großartige Arbeit machen, noch unser Leben im negativen Sinne beeinflussen – das wäre mir mit Klebeband auf Tischen und der gesamten Kücheneinrichtung sicherlich nicht so gut gelun-

> ### Tipp
>
> ## Konsequent sein!
>
> Beim Erziehen einer Katze ist vor allem eins gefragt: Konsequenz! Das ist aber gar nicht so kompliziert, wie es sich anhört.

gen. Darum griff ich auf eine viel primitivere Erziehungsmethode zurück, die bei meinen beiden Katzenmädels auch sehr gut funktioniert hat: Akustische Signale. Katzen reagieren von Natur aus sehr stark auf Geräusche, denken Sie an ihr feines Gehör. Besonders ein In-die-Hände-Klatschen verbunden mit einem scharfen „Nein!" wirken daher abschreckend auf die Katze. Allerdings nur dann, wenn sie unmittelbar auf die unerwünschte Aktion folgen. Im Prinzip erschrecken Sie die Katze kurz mit dem scharfen Geräusch und sie wird es mit dem verbinden, was sie kurz zuvor getan hat. Laute Geräusche ohne diesen Zusammenhang allerdings jagen ihr eher einen Schreck ein, der sie ängstlich werden lassen kann.

Sie sollten Ihre Katze aber nicht maßregeln, ohne ihr eine Alternative anzubieten – sobald die Katze von der ungewünschten Verhaltensweise ablässt, sollte darum sogleich mit sanfter Stimme ein lobendes „Fein!" oder „Guuut!" folgen. Bitte immer im gleichen, freundlichen Tonfall, mit der gleichen Betonung.

Immer, wenn Fleckli nun einen Ausflug auf den Esstisch unternehmen oder sich vom Teller bedienen wollte, bedienten wir uns dieser Methode. Irgendwann war ein Klatschen überflüssig, ein einfaches „Nein!" genügte – und irgendwann sah Fleckli ganz vom Tisch als möglichen Lebensmittelpunkt ab.

Ich bin übrigens überzeugt, dass Fleckli auch in unserer Abwesenheit nicht auf dem Tisch tanzt – die hellen Haare, von denen sie jede Menge verliert, wären doch zu auffällig auf dem dunklen Tisch.

Sollte Ihre Katze nicht zu den einsichtigen Gemütern gehören, müssen Sie doch auf die „neutralen" Methoden, wie beispielsweise das Klebeband, zurück-

greifen. Aber seien Sie beruhigt: In den meisten Fällen reichen einige Wochen, bis Ihre Katze die Tabu-Zonen, an denen sie mit den behaarten Pfoten hängen bleibt, meiden wird.

Egal, wie gut Ihre Katze zu erziehen ist: Sie sollten auf jeden Fall nicht jegliche Versuche auf Eis legen, sobald Ihr Sofatiger aufmüpfig wird. Sorgen Sie in jedem Fall für klare Signale und zeigen Sie Ihrer Katze, welches Verhalten Sie wünschen – und welches nicht.

Goldene Regeln für das gemeinsame Leben

Es gibt wenige, dafür aber wichtige Regeln, die Ihre Katze unbedingt kennen sollte:
> Das Geschäft wird in der Katzentoilette verrichtet
> Menschen-Futter ist tabu
> Der Esstisch ist kein Spielplatz
> Krallen werden am Kratzbaum gewetzt und nicht am Ledersofa
> Auf den eigenen Namen zu hören
> Beim Spielen mit dem Menschen wird alles eingesetzt – nur nicht Krallen und Zähne

Diese Liste können Sie beliebig erweitern, je nach Ihren persönlichen Erfordernissen und Lebensumständen. Natürlich kann man von einer Katze auch nur katzentypisches Verhalten erwarten. Bieten sich ihr keine artgerechten Kratzmöglichkeiten, wird sie sich am Ledersofa vergehen. Hat sie keine Möglichkeit, sich auszutoben, wird sie die angestaute Energie beim Spiel mit dem Menschen loslassen. Der erste Schritt zur erfolgreichen Erziehung ist somit die artgerechte Umgebung und das Anbieten entsprechender Alternativen.

Kratzen sollte nur am Kratzbaum erlaubt sein. Hier ist Konsequenz gefragt.

Toilettengespräche

Bei all diesen Punkten können Sie auf die oben beschriebenen Erziehungsmethoden zurückgreifen oder das natürliche Verhaltensmuster der Katze nutzen. Nehmen wir das Beispiel Katzentoilette. Die Katze ist in der Natur darauf angewiesen, ihren Eigengeruch und den ihrer Hinterlassenschaften auf ein Minimum zu reduzieren, um keine größeren Jäger anzulocken oder ihre Beute zu verschrecken. Aber auch, um damit unmissverständlich ihr Revier zu markieren! Je nach Bedarf wird eine Katze mehr oder weniger darauf bedacht sein, ihre Exkremente zu vergraben. Manche tun es nie, andere immer, und sie vergraben sogar das Geschäft von Mitkatzen. Scharren ist sehr wichtig für Katzen. Sie lassen damit nicht nur ihre Ausscheidungen verschwinden, sondern hinterlassen auch ihre Pfotenduftstoffe.

Buddeln ohne Grenzen?

Doch wo in der Wohnung kann man buddeln? In Blumentöpfen – und in der Katzentoilette. Selbst, wenn die Benutzung von Katzenstreu und das Gefühl derselbigen für Ihre Katze noch ungewohnt sein sollte, können Sie den Scharrinstinkt ganz einfach zu Ihrem Vorteil ausnutzen. Die meisten Katzen nehmen die Katzentoilette freudig an, wenn Sie konsequent beim Buddeln im Blumenkübel ein bestimmtes „Nein!" und beim Benutzen des Katzenklos ein lobendes „Fein!" sagen. Manche brauchen etwas mehr Hilfe, manche etwas weniger. Hier können ältere Katzen übrigens eine große Hilfe sein, denn Katzen lernen durch Beobachten! Auch die Jungen machen es Mutterkatze nach.

Auch meine Katze Sakura hatte kaum Kontakt zu Menschen, bevor sie zu uns kam. An die Benutzung der Katzentoi-

Auch Zimmerpflanzen sind tabu. Der Mensch sollte hier beim ersten Versuch eingreifen!

lette war sie nicht gewöhnt und da sie zudem anfangs unter starkem Durchfall litt, stieg die Geruchsbelastung in der Wohnung irgendwann ins Unermessliche. Sakura suchte in jeder Ecke nach einer Möglichkeit zu buddeln – nur eben nicht in dem seltsamen eckigen Kasten im Badezimmer. Da sie sich nach ihren wenigen, vermutlich schlechten Erfahrungen mit Menschen auch nicht anfassen lies, erschwerte dies unsere Möglichkeiten, ihr die Katzentoilette zu zeigen. Irgendwann kam uns Fleckli zu Hilfe: Jedes Mal, wenn unsere „Große" nun die Katzentoilette benutzte, veranstaltete sie so ein Theater, bis

Der Trick mit dem Klick!

Auch mit dem Clicker (mehr Infos im Kapitel „Action für die Katz'") können Sie Ihre Katze erziehen!

Sakura aus reiner Neugier untersuchen musste, was die andere Katze da denn bitteschön in diesem komischen Kasten machte. Nach zwei Tagen benutzte auch Sakura trotz Durchfall jedes Mal die Katzentoilette, als hätte sie nie etwas anderes getan.

Dieses Beispiel zeigt, dass die Erziehung einer Katze sehr einfach sein kann – so lange sie erst einmal begriffen hat, warum und wozu ihr Mensch denn dies und das von ihr verlangt. Die Benutzung des Katzenklos ist darum sicherlich nicht nur eine der wichtigsten Erziehungsregeln, sondern bei der reinlichen Katze auch eine der einfachsten, wenn man weiß, welche Verhaltensweisen dahinterstehen.

Die meisten Katzen lernen bereits mit wenigen Wochen, die Toilette zu benutzen.

Die richtige Katzenstreu

Genau wie bei der richtigen Futtersorte entwickeln sich einige Katzen aber auch zu wahren Spezialisten, was „ihre" Katzenstreu angeht. Gewöhnen Sie ein junges Kätzchen an die Toilettengang, wird es wahrscheinlich die Streu benutzen, die Sie ihm anbieten – übernehmen Sie aber eine ältere Katze, ist diese gegebenenfalls schon auf die ein oder andere Streusorte fixiert. Befindet sich nicht der richtige Inhalt im Katzenklo, kann dies zur völligen Verweigerung des Toilettengangs mit entsprechenden Verstopfungserscheinungen bis zur Unsauberkeit führen. Das gleiche gilt, falls Sie einfach einmal die Streusorte wechseln möchten: Die Katze wird Ihre Experimentierfreude in den wenigsten Fällen teilen. Auch Erziehungsmaßnahmen und Konsequenz helfen hier

Test: Ist meine Katze gut erzogen?

Testen Sie sich selbst, wie erfolgreich Sie bisher in der Erziehung Ihrer Katze waren! Finden Sie heraus, was dahinter stecken könnte, wenn es nicht so klappt.

Verhalten	Was steckt dahinter?
Ihre Katze kennt ihren Namen – hört aber nicht auf ihn.	Ist es Ihnen egal? Hat der Name zu wenig Klang? Rufen Sie Ihre Katze mit vielen verschiedenen Namen?
Sie benutzt die Katzentoilette – aber nur, wenn der Badezimmerteppich in der Wäsche ist.	Wird die Toilette nicht oft genug frisch gemacht? Mag die Katze die Streu nicht? Steht die Toilette am falschen Platz?
Sie verlangt während der Mahlzeiten ihren Anteil und holt ihn sich zur Not selber vom Esstisch.	Füttern Sie Ihre Katze nicht zu festgelegten Futterzeiten? Mag sie ihr Futter nicht? Geben Sie ihr immer etwas vom Tisch? Lassen Sie verführerisches Essen offen in der Küche stehen?
Ihre Küchenzeile ist ein wahrer Catwalk und die Butter ständig mit Katzenhaaren paniert.	Haben Sie der Katze früher erlaubt, auf dem Küchentisch zu springen? Füttern Sie die Katze in der Küche, wenn Sie kochen? Lassen Sie Lebensmittel und ungespültes Geschirr herumstehen?
Das Spielen mit Ihrer Katze wird meistens zu einer schmerzhaften Rauferei.	Ist Ihre Katze noch in ihrer jugendlichen Lernphase? Hat sie noch viel Energie und ist nicht ausgelastet? Hatten Sie früher Freude daran, fest mit Ihrer Katze zu balgen? Haben Sie sie bei groben Spielen nie unterbrochen?

Konnten Sie sich in ein oder mehreren Punkten wiederfinden? Dann lesen Sie sich bitte dieses Kapitel noch einmal in Ruhe durch. Sie werden sehen, dass Katzen nicht unerziehbar sind. Es könnte sich auch lohnen, sich mehr in das Verhalten der Katzen einzulesen und dann die Katze besser zu beobachten, um zu verstehen, was sie Ihnen mitteilen möchte.

Vergessen Sie bei allen Erziehungsversuchen eins nicht: Auch die Katze erzieht uns – vor allem zur Konsequenz! Welcher Katzenfreund öffnet nicht fünfmal die Terrassentür, bis die Samtpfote endlich bereit ist, einzutreten oder öffnet nacheinander fünf Katzenfutterdosen, bis der richtige Gaumenschmaus für den Liebling gefunden ist?

Besonders beliebt bei Katzenhaltern: Klumpstreu ist sehr sparsam und leicht zu reinigen.

1 Klumpstreu besteht meistens aus Tonmineralien, also Gesteine wie die Tonerde Betonit und Sepiolith, einem Magnesiumsilikat. Sepiolith gilt aufgrund seiner feinen Faserstruktur als krebserregend. Die Fasern können bis in die feinen Verästelungen der Bronchien gelangen und dort steckenbleiben. Aus diesem Grund greifen viele Streuhersteller mittlerweile auf reines Bentonit zurück. Tonmineralien sind porös und binden viel Feuchtigkeit. Die Kügelchen weichen beim Kontakt mit Feuchtigkeit auf und kleben einander – so entstehen die „Klumpen", die der Katzenhalter einfach aus der Toilette entfernen kann. Gute Klumpstreu ist sehr sparsam, da die nicht verklumpten Anteile der Katzenstreu weiter benutzt werden können und nur immer wieder auf den ursprünglichen Füllstand aufgefüllt werden sollten. Dennoch ist Klumpstreu nicht die ideale Streu für jede Katze, es bilden nämlich nicht nur im Katzenklo, sondern auch im Katzenmagen Klumpen. Für Babykatzen kann es gefährlich sein, denn sie neigen oft dazu, Streu zu fressen, wenn Sie das Katzenklo kennenlernen. Katzen werden meistens in der Phase stubenrein, in der sie beginnen, feste Nahrung zu sich zu nehmen. Zu dieser Zeit fressen sie auch gerne Erde, um ihre Darmflora aufzubauen. Während der Genuss von Erde aber ungefährlich ist, können sie durch Klumpstreu extreme Verstopfung bis zum unter Umständen tödlichen Darmverschluss bekommen.

oft nicht weiter. Darum sollten Sie von Anfang an auf eine staub- und geruchsarme Streu achten, mit der Sie und Ihre Katze lange glücklich sind.

Man unterscheidet folgende Streuarten:
1 Klumpstreu
2 Nicht klumpende Streu
3 Silikatstreu
4 Streu auf pflanzlicher Basis

Tipp

Wenn gewechselt werden soll

Für welche Streusorte Sie sich entscheiden, sollten von Ihren Vorlieben und denen Ihrer Katze abhängen. Ist doch einmal ein Wechsel fällig sein, verfahren Sie am besten wie bei einer Futterumstellung: Die neue Streu wird zu immer größeren Anteilen unter die alte Streu gemischt, bis die Katze sich an das ungewohnte Gefühl unter den Pfoten und den neuartigen Geruch gewöhnt hat.

2 Silikatstreu kommt immer mehr in Mode. Hier muss der Katzenhalter nur die festen Hinterlassenschaften seiner Katze entfernen, der Urin wird von der Streu aufgesaugt, neutralisiert und gespeichert. Um dies zu unterstützen, sollte mehrmals am Tag die komplette Streu durchgerührt werden, etwa alle vier Wochen ist dann eine Komplettreinigung der Toilette nötig. Meistens besteht Silikatstreu aus mit Soda vermischtem Quarzsand. Seine Speicherfähigkeit verdankt es dem Silikat, einer Verbindung aus Silizium und Sauerstoff. Der Grundbaustein der Silikate ist von der Kristallform her ein sogenannter Tetraeder: Ein Siliziumatom ist dabei von vier Sauerstoffatomen umgeben, es bildet sich eine Art Käfig. Durch diese Struktur kann die Silikatstreu ein hohes Maß an Flüssigkeit aufnehmen und bindet in den meisten Fällen den Geruch fast restlos. Ein Vorteil gegenüber der Klumpstreu ist das geringe Gewicht. Den Urin vier Wochen lang in der Katzentoilette zu belassen, ist allerdings nicht jedermanns Sache.

Empfindliche Samtpfoten bevorzugen meist feine Streu.

3 Nicht klumpende Streu funktioniert ähnlich: Der Katzenhalter entfernt täglich die „festen" Hinterlassenschaften seiner Katze, der Urin sinkt auf den Boden der Katzentoilette herab und wird dann bei der Gesamtleerung der Toilette entsorgt. Abgesehen von der Geruchsbelästigung, die gezwungenermaßen entsteht, greift der Urin auch die Plastikschale der Katzentoilette an und es bilden sich schwer zu entfernende Ablagerungen aus Urinstein. Aus diesem Grund sollte die Toilette nach jeder Leerung ausgespült und gegebenenfalls desinfiziert werden.

4 Bei Streu auf pflanzlicher Basis, sind Pflanzenfasern, meistens Holz, Hanf, Stroh oder Mais, der Hauptbestandteil. Die darin enthaltene Cellulose saugt Feuchtigkeit auf und speichert sie, im Idealfall mitsamt den vom Urin hervorgerufenen Gerüchen. Viele Pflanzenstreuen werden auf ökologischer Basis gewonnen, meist aus heimischen Holzfasern. Auch bei pflanzlicher Streu können Katzenhalter zwischen klumpender und nicht klumpender Streu wählen. Um Klumpstreu zu erhalten, werden den Pflanzenfasern weitere Bestandteile wie zum Beispiel Bohnenmehl oder Getreidekleber, auch bekannt als Stärke, Methylcellulose, Kleister oder Gluten, zugegeben. Beim Kontakt mit Feuchtigkeit bilden sich dann Klumpen und der Katzenhalter kann die benutzte Streu selektiv entfernen. Bei nichtklumpender Pflanzenstreu wird die Toilettenfüllung zur Gänze ausgetauscht. Streu auf Pflanzenbasis ist meist biologisch abbaubar und kann so auch über den Biomüll oder den Komposthaufen entsorgt werden. Durch ihr geringes Gewicht ist die Streu leicht zu transportieren, haftet aber auch leichter an den Katzenpfoten.

Action für die Katz'

68 **Spiel und Spaß mit Katzen**

69 Warum Katzen spielen müssen

76 Witzige Spielideen

Test

74 Welcher Spieltyp ist meine Katze?

Spiel und Spaß mit Katzen

Egal, wie perfekt wir unsere Wohnung einrichten, eins fehlt zum artgerechten Katzenleben: Bewegung. Gönnen Sie Ihrer Katze darum etwas Abwechslung!

Besonders Einzelkatzen liegen oft lieber auf der faulen Haut und lecken sich den Bauch, anstatt selbständig Spielmäuse zu jagen und Fußball zu spielen. Doch zu wenig Bewegung kann zu Übergewicht führen, garantiert aber demotiviert es die Katze für weitere Spiele. Ist gerade kein Katzenkumpel zur Hand, der einen triezt und ärgert, bis man ihn durch den Raum jagt, ist hier der Katzenhalter gefragt.

Genau, Sie! Etwas Bewegung wird Ihnen auch noch abverlangt. Wobei – nein, nicht unbedingt. Denn bieten Sie Ihrer Katze wirklich kreative und attraktive Spielzeuge, wird sie sich vielleicht auch selber beschäftigen und Sie können nach einem harten Arbeitstag ausspannen. Viel wichtiger noch: Sie können sogar in der Nacht durchschlafen, ohne von den Spielaufforderungen Ihrer Katze geweckt zu werden! Denn

Katzen sind verspielt bis ins hohe Alter – das hält fit und trainiert den ganzen Körper.

wohl jeder Katzenfreund kennt die Situation: Man kommt gestresst und müde nach Hause, will nur noch ins Bett fallen oder im Fernsehen das neue Fußballspiel oder einen romantischen Liebesfilm sehen – wenn da nicht die Katze wäre … Und selbst, wenn sie während der Entspannungsphase schnurrend neben uns liegt und sich kraulen lässt, kommen irgendwann ihre „verrückten fünf Minuten": Die Katze will spielen. Um jeden Preis. Sie saust durch die Wohnung, läuft auf dem glatten Parkett Schlittschuh, klettert die Gardinen hoch, räumt den Wohnzimmertisch ab – oder alles nacheinander.

Snack statt vollwertige Mahlzeit: Von einem Spatz alleine wird die Katze nicht satt.

Warum Katzen spielen müssen

Seien wir einmal ehrlich: Ist das wirklich ein Wunder? Während wir im Büro sitzen, mit dem Chef streiten und mit Kollegen lachen, ist für die Katze Ruhezeit angesagt. Während wir uns abhetzen, liegt sie ruhig in ihrem Körbchen, vielleicht beobachtet sie auch von ihrem Aussichts-Fensterbrett ein paar Amseln. Den Großteil der Zeit verbringt sie aber ruhend. Hat die Langeweile bei Ihrer Katze noch nicht zu völliger Apathie geführt, so wird sie die aufgestaute Energie irgendwann ablassen müssen. Hauskatzen passen sich unserem Tagesrhythmus an. Aus diesem Grund werden sie genau dann munter werden, wenn Sie nach Hause kommen, denn sie sind ihr menschlicher Sozialpartner und Lebensmittelpunkt. Aber seien Sie beruhigt: Wenn Sie Ihre Katze mit durchdachten Spielen etwas „auspowern" können Sie auch noch Ihren Feierabend genießen! Und garantiert werden Sie die Spielstunden manchmal auch etwas überziehen, weil

Sie feststellen, dass Ihnen das Ganze selbst einen Riesenspaß macht.

Im Herzen der Jäger

Katzen jagen für ihr Leben gerne. Ohne den Menschen müssten sie ihr Futter selber fangen, in dieser Situation finden sich nicht nur Wildkatzen, sondern auch wildlebende Haustiger und Tausende Bauernhofkatzen wieder. Katzen sind von ihrem Körperbau und ihrer Psyche her von Klein an auf die Jagd programmiert. Ihre Beutetiere sind klein und mehr ein Snack als eine vollwertige Mahlzeit. Von einer Maus oder einem Jungvogel wird selbst die zierlichste Katze nicht satt. Einen entsprechend großen Teil des Tages verbringt die Katze auf der Pirsch, nämlich etwa 15 Prozent, in schlechten Zeiten aber auch mehr als 10 Stunden.

Ihre Beute stöbert sie in langsamen Streifzügen durch ihr Revier auf. Ist die Katze durch eine schnelle Bewegung oder hohe Geräusche wie das Fiepen einer Maus aufmerksam geworden, geht

Aha!

Beuteprägung

Die meisten Katzen sind auf eine bestimmte Art Beute fixiert, sie reagieren entweder auf fliegende, schlängelnde oder rollende Spielzeuge. Wissenschaftler vermuten, dass die Katze durch die Beutetiere, mit denen sie schon im Nest in Berührung gekommen ist, geprägt wird: Vögel, Würmer oder Mäuse. Auch deren Größe des Beutetieres spielt eine Rolle. Der Katzenverhaltensforscher Leyhausen hat beobachtet, dass die Mutterkatze bereits durch ihre Rufe ankündigt, was sie mitbringt: bei „Maus, Maus" klingt der Ruf nicht so scharf wie bei der gefährlicheren „Ratte, Ratte".

es los: Die Katze lauert, pirscht sich dicht an den Boden gedrückt heran. Mit all ihren Sinnen konzentriert sie sich auf ihre Beute, verlagert das Gewicht auf die starken Hinterbeine und springt dann mit einem riesigen Sprung auf das Opfer los, bevor sie sich in dessen Nacken verbeißt und es im Idealfall schnell mit einem Genickbiss tötet.

Die Natur hat dafür gesorgt, dass selbst eine satte Katze jagt – sie reagiert instinktiv auf kleine, schnelle Bewegungen. Wenn sie gerade keinen Appetit auf Ihre Beute verspürt, spielt sie mit ihr. Was für uns vielleicht grausam aussieht, ist Teil eines ausgefeilten Trainingskonzepts, das sämtliche Muskeln und Sehnen im Katzenkörper beweglich und stark hält. Dieses Training beginnt schon in der Wurfhöhle.

Training für den Ernstfall

Die Katzenmutter trägt ihren Kindern erst tote, dann lebendige Beutetiere ins Nest – so verlieren die Kätzchen zuerst ihre Angst vor den unbekannten Tieren, bevor sie sie selber erlegen können. Katzenmütter jagen ihren Kindern Beutetiere oft vor der Nase weg. Was grausam aussieht, ist ebenfalls Teil eines Erziehungskonzepts: Die jungen Katzen sollen lernen, stets schneller zu sein als ihre Beute. Doch nicht jede Jungkatze genießt eine solche Prägung. Besonders Katzen vom Züchter kommen nie mit Beutetieren in Kontakt, für sie besteht die Beute aus bunten Bällen, Fellstücken oder lecker riechenden Catnip-Säckchen. Auch diese bringen die Mütter ins Nest.

Doch auch diese Katzen jagen – nicht, weil sie es müssen oder gelernt haben, sondern, weil es ihnen angeboren ist. Katzen reagieren instinktiv auf kleine, schnelle Objekte. Sicherlich haben auch Sie schon einmal einen ruhigen, leicht übergewichtigen Sofatiger mit der Präzision einer Raubkatze nach einer verirrten Fliege schnappen sehen.

Generell gilt bei den Katzen: Der Jagdtrieb der Katze ist nicht an ein Hungergefühl gekoppelt. Man muss eine Bauernhofkatze nicht hungern lassen, damit sie viele Mäuse fängt – genauso wenig, wie eine ehemalige Wohnungskatze ihren Spieltrieb verlernt, sobald sie Freigang genießt. Einige Katzen sind verspielter als andere, dennoch wird Ihre Katze noch genauso gerne mit ihrer geliebten Katzenangel spielen, sobald sie Ihr einen Katzenfreund schenken oder ihr Freilauf auf dem Balkon anbieten. Das ständige Lernen hält übrigens nicht nur den Körper fit, auch der Geist der Katze wird durch neue Neuronenverbindungen aktiv und flexibel gehal-

Aus Spaß wird Ernst: Das Spiel bereitet Katzenkinder auf den Beutefang vor.

ten. Eigentlich läuft hier alles genauso ab wie bei uns Menschen.

Motivation durch Bestechung

Als Jäger wird die Katze sicherlich eine Aufgabe mit Bravour meistern: Sich ihr Futter zu erjagen. So wird die Kalorienaufnahme nicht nur mit einer kleinen Fitnessübung kombiniert, Futter ist zudem eine große Belohnung für einen Beutejäger wie die Katze. Hat sie ihre Sache gut gemacht und ordentlich gejagt, gibt es als Belohnung eine leckere Maus, in unserem Fall natürlich ein schmackhaftes Leckerli …

Selbst, wenn der Jagdtrieb der Katze auch ohne Hunger funktioniert, ist ein Leckerli so immer noch der stärkste Anreiz für ein Spiel – und natürlich eine gute Belohnung. Gerade träge Katzen werden sich so gerne mit Futtersuch-

Aha!

Kitt für die Bindung

Sehen Sie das tägliche Spiel mit Ihrer Katze nicht nur als eine lästige Pflicht an, nur damit sie heute Nacht in Ruhe schlafen können und Ihre Katze emotional und körperlich ausgelastet ist. Regelmäßiges Spielen fördert die Beziehung zu Ihrem Tier – genau wie tägliche Schmuseeinheiten gehört es einfach zu einer guten Katze-Mensch-Bindung dazu.

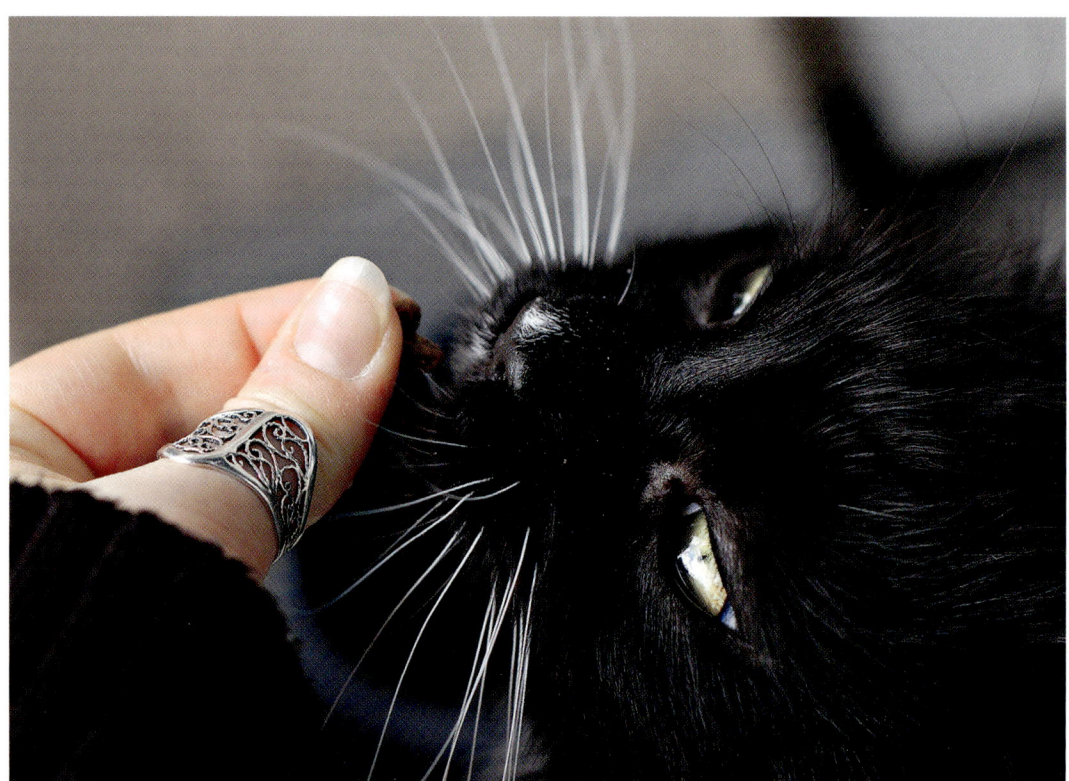

Lernen mit Bestechung: Für Leckerlis tun manche Katzen fast alles …

spielen beschäftigen – der öde Pappkarton ist doch gleich viel interessanter, wenn es dort lecker nach Käse-Knabbis riecht! Und selbst ängstliche Katzen werden sich mit dem Geruch von getrockneten Shrimps in der Nase auf die Agility-Brücke locken lassen.

Diese Bestechung ist umso wichtiger, weil sich unsere Katze eben nicht wie ein Hund dressieren lässt. Sie betritt die Katzentreppe nicht, um uns einen Gefallen zu tun und jagt dem Ball nicht nach, weil es uns gefällt. Sie macht das für sich – nur für sich. Auch beim Spiel ohne Leckerchen sollten Sie übrigens immer darauf achten, dass Ihre Katze

am Ende gewinnt und die verdiente Beute ein paar Minuten für sich hat, um den Sieg auszukosten.

Beutezüge

Die einfachste Art des Spieles, für das die Katze keine großartige Motivation braucht, ist das Futtersuchspiel. Vereinfacht gesagt, verstecken Sie Leckerli- und Trockenfutterbröckchen überall über den ganzen Raum – natürlich möglichst dort, wo ihre Katze sie auch finden kann. Allerdings sollten Sie es Ihrer Katze auch nicht zu einfach machen – sie darf ruhig suchen, den Beutezug in der Wildnis imitieren. Schließlich soll sie sich ihr Futter verdienen. Streuen Sie ein paar Bröckchen auf den Kratzbaum, ein paar in die Spielhöhle, ein paar unter den Tisch. Sie können sicher sein: Plötzlich ist der ganze Raum für die Katze wieder interessant, schließlich gibt es etwas zu Entdecken und zu Fressen! Gehen Sie am Anfang langsamer vor, die zweite Leckerliportion wird erst versteckt, wenn die erste gefunden wurde.

Futter ist nicht gleich Futter

Dennoch: Trockenfutter ist nicht das ideale Futter für die Katze und sollte nie als alleinige Nahrung gefüttert werden. Abgesehen von dem hohen Getreidegehalt, das viele Trockenfuttersorten aufweisen, sorgt die dehydrierte Form dafür, dass dem Organismus Wasser entzogen wird. Auch wenn es seltsam klingt: Physiologisch gesehen sind Hauskatzen Wüstentiere, die ihren Wasserbedarf hauptsächlich über die Nahrung decken. Eine erwachsene Katze hat einen Flüssigkeitsbedarf von etwa 50 Milliliter täglich pro Kilogramm Körpergewicht, eine vier Kilogramm schwere Katze müsste so 200 Milliliter Wasser täglich aufnehmen. Gerade für die Trockenfutter-Junkies unter den Fellnasen ergibt sich hier aber ein Problem: Trockenfutter entzieht dem Körper Flüssigkeit – die Katze muss also viel mehr Wasser aufnehmen, als dies bei reiner Nassfütterung nötig ist. Weichen Sie einmal ein paar Trockenfutter-Brösel in Wasser ein, dann werden Sie verstehen, was ich meine.

Trinkt die Katze aber zu wenig und gleicht den Feuchtigkeitsentzug durch das Trockenfutter nicht aus, konzentriert sich der Harn, die Bildung von Nierensteinen, Harngries und weitere Erkrankungen des Ausscheidungssystems werden begünstigt. Viele Hersteller fügen ihren Rezepturen deswegen Zusatzstoffe hinzu, die die harnabführ-

Tipp

Welches Leckerchen eignet sich am besten?

Zum Verstecken und Befüllen nehmen sie Katzenleckerchen von der Stange oder Trockenfutter-Kroketten. Sollte doch einmal etwas unterm Schrank liegenbleiben, verderben diese nicht so schnell und riechen meist auch nicht intensiv genug, dass wir Menschen sie als Störfaktor wahrnehmen. Außerdem machen sie so schöne Geräusche, wenn die Katze den Snackball über den Boden rollt.

renden Organe entlasten, sowie die Wasseraufnahme und -abgabe unterstützen.

Eine Alternative sind getrocknetes Fleisch oder Fisch. Diese Leckerchen erhalten Sie mittlerweile in fast jedem Tierhandel und können Sie sogar selber herstellen – hierzu mehr im Kapitel „Für Schleckermäuler".

Trockenfutter quillt bei Wasserzugabe auf – es entzieht dem Körper also Wasser.

Test: Welcher Spieltyp ist meine Katze?

Was macht Ihre Katze den ganzen Tag?

- ○ Meine Katze liegt den ganzen Tag auf dem Sofa und schläft A
- ○ Meine Katze sitzt gerne auf dem Fensterbrett und schaut nach draußen B
- ○ Meine Katze sucht altes, verloren gegangenes Spielzeug hervor und beschäftigt sich damit C

○ Meine Katze ist immer in meiner Nähe und sucht auf meine Aufmerksamkeit D

Wie reagiert Ihre Katze, wenn Sie gerade keine Zeit zum Spielen haben?

- ○ Dann schläft sie noch eine Runde A
- ○ Sie meckert erst, geht dann aber wieder auf ihren Fensterplatz und beobachtet die Umgebung B
- ○ Sie legt sich auf meine Beine und fragt alle paar Minuten nach, ob ich nicht doch Lust auf ein Spielchen habe C
- ○ Sie legt mir so lange Spielzeug vor die Füße, bis ich doch mit ihr spiele D

Wie verhält sich Ihre Katze anderen Katzen gegenüber?

- ○ Meine Katze kennt keine anderen Katzen A
- ○ Meine Katzen spielt gerne mit ihren Mitkatzen B
- ○ Meine Katze mag keine anderen Katzen C
- ○ Meine Katze akzeptiert andere Katzen, spielt aber lieber allein oder mit mir D

Spielt ihre Katze gerne mit Ihnen?

- ○ Nur, wenn ich sie lange genug nerve A
- ○ Ja – aber nur, wenn ich ein möglichst interaktives Spielzeug auswähle B
- ○ Das liebt sie! C
- ○ Sie bringt oft selbst ihr Spielzeug an und fordert mich zum Spiel auf D

Auswertung:

Zählen Sie nun die Buchstaben, die sich hinter Ihren Antworten befinden, zusammen. Der Buchstabe, der am häufigsten vorkommt, entspricht dem Spieltyp in der Auswertung.

A Die Sensible

Katzen von Typ A sind meistens introvertiert und schwer zu motivieren. Vielleicht ist diese Katze schon übergewichtig, vielleicht ist sie auch einfach nur empfindsam und will ihre Ruhe haben – wichtig ist es hier, die Katze davon zu überzeugen, dass Spielen Spaß macht. Das gelingt am besten durch möglichst spektakuläre Spielzeuge wie Katzenangeln. Für Intelligenzspielzeuge sind diese Katzen eher selten zu haben, es ist ihnen schlicht und einfach zu aufwendig – da legen sie sich doch lieber wieder aufs Sofa oder pflegen ihr Fell. Diese Katzen sind prädestiniert dafür, einmal am Tag ihre „Fünf Minuten" zu haben. Dann muss gespielt werden – koste es, was wolle.

B Die Ruhige

Diese Katzen sind sehr sozial, meistens im Familienverband aufgewachsen und fühlen sich am wohlsten, wenn ihre Mitkatze(n) oder ihr Mensch bei ihnen sind. Dann wird geschmust, gekuschelt oder gespielt. Trotzdem brauchen diese Katzen ihre Ruhe, die sie aber auch ganz klar einfordern: Wenn sie keine Lust mehr haben, gehen sie einfach. Hier geht es darum, sie bei der Stange zu halten – auch das gelingt am besten mit interaktiven Spielzeugen, mit denen sich die Katze lange beschäftigen kann. Auch hier können Sie mit Spielangeln oder aufziehbaren Spielmäusen große Erfolge verbuchen. Trotzdem sollte hier das Erfolgserlebnis nicht außer acht gelassen werden – Laserpointer rufen bei Typ B-Katzen nur selten Begeisterung hervor. Dafür haben sie viel Spaß an Clickertraining: Sie lassen sich leicht durch Belohnung motivieren und können sich gut genug konzentrieren, um ein paar Minuten dabeizubleiben.

C Die Aktive

Diese Katzen sind aufgeweckt, lassen sich leicht motivieren und haben große Freude an Intelligenzspielzeugen. Meistens spielen sie auch, wenn der Mensch sie gar nicht dazu animieren will, sie finden altes, längst vergessenes Spielzeug, das sie dann mit aller Wonne bearbeiten und lange mit sich rumschleppen. Sie bleiben zwar nie lange bei einem Spielzeug, haben aber Spaß an Neuem, in der Regel gibt es hier keine Motivations-Probleme. Dementsprechend können Sie bei Typ C-Katzen alle Spielzeuge ausprobieren, die Ihnen gefallen: Die Katze wird es mitmachen! Wundern Sie sich aber nicht, falls das teure Spielzeug nach ein paar Minuten doch wieder „out" ist. Irgendwann wird sie es wiederentdecken... Auch Clickertraining wird diese Katze klasse finden: Etwas Neues – genial! Das Dumme ist nur, dass sie nach zwei Minuten schon wieder abgelenkt ist.

D Die Überschwängliche

Diese Katzen lieben ihren Menschen! Er ist Dreh- und Angelpunkt ihres Lebens und dies wird auch bei ihren Spielgewohnheiten deutlich: Spielzeug Nummer eins ist der Mensch – was immer er vorschlägt, wird mit Begeisterung angenommen. Haben Sie aber einmal keine Zeit oder Lust auf ein Spielchen, kann die Katze dieses Spieltyps aber schnell zur Nervensäge werden: Sie fordert Sie so lange auf, sich doch mit ihr zu beschäftigen, bis Sie schließlich aufgeben. Lieblingsspielzeuge sind meistens die gleichen wie die der Typ C-Katze.

ABC-Katze

Vielleicht haben Sie auch gleich alle Buchstaben in Ihrer Ergebnisliste. Das ist nicht schlimm – schließlich geht es darum, dass Sie Ihre Katze bezüglich deren Spielvorlieben einschätzen können. Sie haben wohl ein besonderes vielseitiges Exemplar an Katze. Mal ist sie ein Multitalent im Spiel, mal ein schillerndes Schmusetier!

Witzige Spielideen

Nicht jede Katze mag jedes Spielzeug. Wie Sie vielleicht schon an Ihrer eigenen Katze erfahren haben, wird das eine Spielzeug heiß geliebt und wochenlang rumgeschleppt, während das andere gleich nach dem Auspacken links liegen gelassen wird. Die Verpackung war doch interessanter ...

   Katzen sind eigensinnig – sie spielen nicht, um Ihnen einen Gefallen zu tun, sondern weil sie es jetzt gerade möchten. Oder eben nicht. Wenn die Katze das teure und sorgfältig ausgesuchte Spielzeug nicht mit der gleichen Sorgfalt begutachtet, bedeutet das nicht, dass sie Sie kränken will oder Ihre Obhut nicht zu schätzen weiß. Sie hat vielleicht einfach keine Lust zum Spielen, oder aber keine auf das entsprechende Spielzeug.

Aha!

Was macht sie an?

Halten Sie einfach die Augen offen, beobachten Sie Ihre Katze gut. Schon werden Sie sehen, auf welche „Beuteform" Ihr Sofatiger steht, ob er lieber alleine spielt oder sich mit Ihnen beschäftigt, viel Action benötigt ... Der Test auf Seite 74 wird Ihnen bei der Einschätzung helfen.

   Dabei gibt es so viele verschiedene Arten, sich mit einer Katze zu beschäftigen – Spielsachen von der Stange sind nicht die einzige Wahl. Und selbst diese beschränken sich nicht nur auf die Form einer Maus oder eines Balles.

Clickertraining bringt Spannung in den Alltag und fördert Motivation und Intelligenz.

Es gibt noch viel mehr: Clickertraining, Katzenangeln, Intelligenzspielzeug, Spielsachen, die Sie selber basteln können, und und und. Irgendeine dieser Möglichkeiten wird garantiert auch Ihre Katze begeistern.

Clickertraining

Meinen ersten Kontakt mit dem Clickertraining hatte ich im Pferdestall. Pferde und Hunde reagieren auf Belohnung, lassen sich erziehen – dass man aber auch mit Katzen „clickern" könne, war nicht nur für mich unverständlich. Als die ersten Clickertrainingsbücher für Katzen auf den Markt kamen, tat ich sie darum als Unsinn ab und wäre nie im Traum darauf gekommen, Geld für „so einen Quark" auszugeben. Bis ich eine intelligente Beschäftigung für meinen kleinen Wildfang Sakura suchte … Doch der Reihe nach.

Was ist ein Clicker überhaupt – und wie soll man damit Katzen beschäftigen oder gar erziehen? Der Clicker ist ein kleines Gerät – drückt man drauf, knackt es wie diese kleinen Knackfrösche aus dem Spielzeughandel. Und hier kommen wir zum Grund meines Skepsis: Mit diesem Gerät soll man eine Katze erziehen? Sie werden vielleicht genauso denken. Selbst wenn Sie wie ich der Meinung sind, dass Katzen durchaus ein gewisses Maß Erziehung benötigen, werden Sie es vielleicht kritisch betrachten, wenn jemand seinem Tiger mit einem Knackfrosch „Sitz" und „Platz" beibringt. Doch das Clicker-Prinzip arbeitet nicht mit Zuckerbrot und Peitsche, wie viele andere Erziehungsdisziplinen. Macht die Katze etwas richtig, wird bestätigt – macht sie etwas falsch, wird ignoriert. Bestätigt wird hier aber nicht durch ein

Clickertraining mit Katzen ist gar nicht so schwer, wenn man einige kleine Grundregeln beachtet.

Tipp

Zuerst die Arbeit, dann das Vergnügen

Beim Clickertraining gilt: Immer erst der Click, dann immer das Leckerli!

Leckerli oder Ähnliches, sondern durch das Geräusch selbst, das „Click". Wie das geht? Ich hatte Ihnen im Erziehungskapitel schon vom Pawloschen Hund erzählt – genauso funktioniert auch das Clickertraining: Die Katze

Aufmerksamkeit und Kooperation sind wichtig beim Clickern.

muss zuerst positiv auf den Clicker konditioniert werden, dadurch dass sie damit etwas Belohnendes, Leckerchen zum Beispiel in Verbindung bringt. Schließlich interpretiert sie den Click selbst als Bestätigung, dem aber immer das Leckerli als Belohnung folgen muss.

Der Trick mit dem Click

Klassische Konditionierung nennt man dieses Prinzip, in dem ein neutraler Reiz, der Click), mit einem primären Verstärker, dem Leckerli, verknüpft wird. Auch Nicht-Verhaltenstherapeuten wird dies schnell einleuchten: Welche Katze rennt nicht beim Knistern der Futtertüte freudig herbei? Und welcher Mensch denkt nicht beim „Plopp" an ein frisches Bier?

Diese Konditionierung auf das Klickgeräusch erreichen wir mit dem ultimativen Bestechungsmittel für Katzen: Einem Leckerchen. Es wird mit dem Knackfrosch geklickt, sofort danach gibt es ein Leckerchen. Dieses wiederholt man immer wieder, zu verschiedenen Zeiten, an verschiedenen Orten, bis man relativ sicher sein kann, dass die Katze das Geräusch und die darauf folgende Futterbelohnung miteinander verbindet. Klicken und Belohnung gehören für die Katze nun erst einmal zueinander. Dann erst verbindet man dies mit einem weiteren Ereignis wie beispielsweise einem bestimmten, spontan gezeigten Verhalten. Das heißt, man „belohnt" das Verhalten sofort durch Click und Leckerchen. Perfekt kann man dies zur Fütterungszeit üben: Die Katze sitzt vor Ihnen, wartet geduldig auf ihr Futter, das sie auch bekommt – allerdings erst, nachdem sie sich ruhig verhalten hat und Sie diese spontan gezeigte Verhaltensweise durch einen „Click" belohnt haben.

Übung „Sitz"

Aus einer spontanen Verhaltensweise soll eine von uns erwünschte werden, die die Katze dann zeigen soll, wenn wir es möchten. Hier beginnen wir mit unserer ersten Übung: Dem Hinsetzen. Sie warten ein spontanes Hinsetzen der Katze ab und klicken zur Belohnung. Der „Sitz!"-Befehl (oder die Bitte – Katzen kann man schließlich kaum etwas befehlen …) kommt erst später; erstmal soll die Katze zum Festigen der Verknüpfung noch ein paarmal zum Aufstehen motiviert und bei erneutem Hinsetzen geklickt werden. „Wie, eine Belohnung fürs Setzen?" wird sich die Fellnase jetzt fragen. Und genau in diesem Moment geht es weiter: Zu Hinsetzen und Click kommt der „Sitz"-Befehl, bestätigt und belohnt wird natürlich erst, wenn sich die Katze auch wirklich setzt. Vielleicht geschieht dies die ersten Male zufällig – wird sie aber jedesmal sofort mit Click und Belohnung bedacht, wird Ihre Katze irgendwann verstehen, was Sie von ihr wollen: Sie zeigt in diesem Fall auf „Sitz" die Verhaltensweise, die Sie wünschen!

Sobald man sich selbst ins Clickern eingearbeitet hat, das heißt gelernt hat, wie man bei einem Tier gewünschtes Verhalten belohnt, kann man dies auch bei der Katzenerziehung nutzen. Hat Ihre Katze Spaß am Training, wird sie mit Freude Lektionen wie „Männchen machen" oder „Hinlegen" lernen. Vielleicht entdecken Sie dabei erstaunliche Talente Ihrer Katze.

Der Ton macht die Musik

Vielleicht fragen Sie jetzt: Warum muss es gleich ein Knackfrosch sein, reicht ein „Gut gemacht!" nicht aus? Die meisten Katzen reagieren auf ein derartiges Lob, weit effektiver ist aber die Beloh-

Für feine Ohren

Wählen Sie einen Clicker mit leisem Ton aus.

nung mit dem Clicker. Die menschliche Stimme klingt immer anders, je nachdem ob man traurig oder fröhlich, gesund oder erkältet ist. Das Katzenohr ist sehr sensibel und die Katze merkt solche Veränderungen sofort. Die Stimme ist für sie also kein neutrales Signal. Ein Clicker dagegen klingt immer gleich. Alternativ könnten Sie auch den Deckel eines Vakuum-Einmachglases nehmen

Katzen sind intelligente Wesen, die Herausforderungen lieben.

oder einen Kugelschreiber. Wer aber aus Gewohnheit dauernd mit dem Kugelschreiber klickt, sollte sich lieber einen Clicker kaufen, um sein Training nicht gleich wieder zunichte zu machen. Beim Tiertraining von Seehunden oder Delfinen werden auch Hochfrequenz-Pfeifen benutzt. Woher das Geräusch stammt, ist eigentlich gleichgültig, es muss nur immer neutral, also emotionslos sein.

Den Clicker bekommt man für wenige Euro im Zoofachhandel, in der Hunde-

Mit einem Snackball, der mit Leckerlis oder Trockenfutter gefüllt ist, wird die Fütterung zum Beutespiel.

schule oder übers Internet. Dort erhalten Sie auch Fach- und Übungsbücher zum Thema.

Wenn Katz' nicht will

Nicht jeder Katze macht das Clickertraining Spaß. Hat sie keine Lust oder will sie die Übung abbrechen, sollten Sie ebenfalls die Handbremse ziehen und Ihre Katze in Ruhe lassen. Mit Zwang oder Disziplin erreicht man bei Katzen nichts. Es ist eben Katzenart, dass sie nur so lange mitmachen, wie sie selber Spaß an der Sache haben. Bitte überfordern Sie Ihre Katze nicht aus falschem, weil eigenem Ehrgeiz.

Intelligenzspielzeug

Sind Katzen intelligent? Natürlich! Das werden zumindest Katzenfreunde auf die Frage antworten. Beim Intelligenzspielzeug für Katzen geht es aber nicht darum, den tierischen IQ auf die Probe zu stellen – vielmehr sind diese Spielzeuge dazu da, das Denk- und Lernvermögen unserer Sofatiger zu trainieren.

In der freien Natur werden Katzen jeden Tag mit neuen Eindrücken konfrontiert – dieses entfällt bei der Haltung im Haus. Das bedeutet aber nicht, dass sich Intelligenzspielzeuge nur für reine Wohnungskatzen eignen. Auch Katzen mit unbegrenztem oder limitiertem Freigang können so ihren „Kopf" trainieren – als Ergänzung zu den meisten anderen Spielarten, die vorwiegend Gelenke und Muskeln geschmeidig halten. Das Gleiche sollte auch mit dem Gehirn des Jägers passieren. Durch den Lernvorgang beim Clicker- oder Intelligenztraining werden neue Neuronenverbindungen im Katzengehirn geknüpft. Dieses Training hält eine Katze auf Dauer fit, ihr Gehirn bleibt lernfähig und flexibel.

Futter für den Kopf

Auch bei uns sind Gehirnjogging-Trainingsprogramme für Gameboy und Computer in Mode gekommen. Warum sollte Katzen Gehirnsport nicht auch nutzen? Da Katzen aber weder Kreuzworträtsel lösen noch Buchstabensalate entwirren können, greifen wir auch beim Intelligenztraining auf die universale Waffe zurück: Futter. Schließlich ist dies die ultimative Herausforderung, der sich Katzen in der freien Wildbahn stellen. Ziel ist nicht, eine schwere Matheaufgabe in wenigen Minuten zu lösen, sondern das versteckte Futter zu finden – das wird Ihre Katze von sich aus in kurzer Zeit erledigen.

Leider gibt nur wenig ausgewiesenes Intelligenzspielzeug für Katzen. Die Denksport-Spiele für Hunde sind meistens zu groß und zu klobig für die

Tipp

Spielzeug aufpeppen

Uninteressant gewordenes Katzenspielzeug kann man ganz schnell wieder aufpeppen, indem man es in getrocknete Katzenminze- oder Baldrianblätter einlegt. Keine konzentrierten Essenzen verwenden, dann sind die ätherischen Öle zu stark und rufen Reizungen hervor.

zierliche Katze – also muss der Katzenfreund auf seine kreative Ader bauen und selbst tolle Spielzeuge ausdenken.

1 Die einfachste Variante ist der „Snackball", ein mit kleinen Löchern versehener hohler Plastikball. Rollt die Katze diesen nun über den Boden, fallen nach und nach Leckerlis oder Trocken-

Egal, ob Maus, Ball oder Federwedel: Spielzeuge für Katzen gibt es in allen Farben und Formen.

Tipp

Jagderfolg!

Lassen Sie Ihre Katze nach dem Spiel einige Zeit mit ihrer verdienten „Beute" alleine – für sie das ist die schönste Belohnung!

futterbrösel aus dem Ball auf den Boden. Die meisten Katzen wissen nach kurzer Zeit ganz genau, wie sie den Ball bewegen müssen, um an die leckere Belohnung zu gelangen.

2 Eine weitere Möglichkeit ist eine Art „Hütchenspiel": Wo ist das Leckerchen versteckt? Kann die Katze nun das Leckerchen erschnuppern, muss sie selbst einen Weg finden, wie sie daran kommt. Auch hier gibt es mittlerweile schon einige Spielzeugvarianten, die meist noch nicht über den örtlichen Tierhandel zu beziehen sind. Im Internet gibt es aber viele kleine Shops, die derartige Produkte herstellen und vertreiben.

Die beste Möglichkeit ist es aber immer noch, derartige Spiele selber zu basteln. So kann man sie perfekt an die Vorlieben seiner Katze anpassen – nicht nur vom Schwierigkeitsgrad, sondern auch von der Größe des Spiels. Im nächsten Kapitel finden Sie einige Bastelideen hierzu!

Spielsachen von der Stange

Auch, wenn „von der Stange" einen leicht negativen Beigeschmack hat, müssen Spielzeuge aus dem Zoofachhandel nicht minderwertig sein. Natürlich werden Sie gerade bei spielfaulen Katzen suchen müssen, bis sie das perfekte Spielzeug gefunden haben – hier ist Selberbasteln oft zeitsparender. Hierfür kann man sich übrigens im Han-

del tolle Anregungen holen. Dort gibt es Katzenspielzeug in etlichen Variationen für jeden Geschmack: mit Katzenminze (Catnip), mit Glöckchen, farbenfroh, in allen erdenklichen Formen, Strukturen und Texturen, spezielle Spielzeuge für zahnende Katzen und natürlich Sachen, die Sie so schnell nicht selber basteln können: Zu Weihnachten gibt es kleine Spiel-Elche, im Sommer Schmetterlinge an der Spielangel. Auch die riesige Spielmaus aus Frottee werden Sie wohl nur nachbasteln können, wenn Sie über eine Nähmaschine und ausreichend Talent verfügen.

Noch etwas: Katzen gewöhnen sich an Spielzeug mit Katzenminze und Baldrian, sie reagieren irgendwann nicht mehr auf den Geruch. Dieses Spielzeug nach dem Spielen besser gut auslüften und trocknen lassen und dann luftdicht in einer Dose verschließen.

Auf Sicherheit achten

Dennoch sollte man nicht mit leuchtenden Augen in ein derartiges Spielzeugparadies gehen und blind alles kaufen, was einem gefällt. Viele kritische Katzenbesitzer warnen vor gefährlichen Chemikalien im Katzenspielzeug, auch sicherheitstechnisch ist fertiges Spielzeug nicht immer unbedenklich. Darum sollten Sie hier und auch bei selbstgemachtem Spielzeug folgende Sicherheitsrichtlinien beachten:

1 Lassen Sie Ihre Katze nie alleine mit einer Spielangel spielen! Sie könnte sich das dünne Seil um den Hals wickeln und ersticken. Auch der Plastikoder Holzstab kann zum Verletzungsrisiko werden.

2 Bunte Federn sind oft mit allen erdenklichen Chemikalien behandelt.

Vorsicht, Chemikalien: Bunte Federn sehen toll aus, sind aber nicht zum Fressen gedacht.

Bei empfindlichen Katzen lieber darauf verzichten, oder selbst besorgen, zum Beispiel von befreundeten Hühnerhaltern.

3 Waschen Sie neue Stoffe, bevor Sie Katzenspielzeug daraus basteln. Verwenden Sie Dinge aus dem Haushalt wie Sekt- oder Weinkorken und Ähnliches erst, wenn sie gereinigt sind.

4 Woll- und Schnurknäuel sowie längere Fäden immer für die Katzen unerreichbar aufbewahren. Sie können sich in den Fäden verheddern, sich dabei Körperteile abschnüren oder gar erdrosseln.

5 Räumen Sie beim Nähen unbedingt eingefädelte Nadeln weg oder ziehen Sie den Faden heraus! Durch die raue Zunge wandert bei der Katze alles, was sie im Maul hat, nach hinten, auch die Nadel, die am Faden hängt. Tierärzte haben solche Fälle nicht selten auf dem OP-Tisch.

Für Spielfaule

86 **Abenteuer Spiel**

86 Spielfaule Katzen motivieren

94 Wenn der Mensch keine Lust hat …

Test

90 Welches Spielzeug für meine Katze?

Abenteuer Spiel

Vielleicht gehen Sie jetzt davon aus, dass Ihre Katze Ihnen freude-
strahlend entgegenlaufen wird, sobald Sie endlich – endlich! –
eine Spielmaus oder ein Intelligenzspielzeug auspacken?

Haben Sie bisher nicht regelmäßig mit Ihrer Katze gespielt, heißt das doch jetzt, dass sie sich umso mehr freuen wird? Nein. Denn es gibt Katzen, die sich trotz des angeblich „perfekten" Spielzeuges partout nicht animieren lassen wollen. Sie schauen das seltsa-

Sie sind ein eingespieltes Team – im wahrsten Sinne des Wortes.

me, wackelnde Teil, das nach Catnip riecht und den Menschen, der seltsame Bewegungen vollführt, mit großen Interesse an – das ist dann aber auch schon alles. Bewegen? Bloß nicht! Und es gibt spielfaule Menschen, die einfach keine Lust auf ein schweißtreibendes Workout mit ihrer Katze haben. Aber auch für diese zwei Spezies gibt es die perfekten Spiellösungen, die ihnen das vermitteln, was eigentlich der Haupt-grund für das Spiel sein soll: Spaß! Denn Spielen trainiert nicht nur Körper und Seele, es fördert auch die Kommu-nikation zwischen Katze und Mensch. Probieren Sie es einfach aus!

Spielfaule Katzen motivieren

Doch selbst, wenn Sie nun Lust auf ein kleines Spielchen verspüren: So einfach ist es oft nicht ... Egal, was man mit Kat-zenangel und Co. veranstaltet, die Katze interessiert es nicht. Sollte sie doch einmal kurz am Spielzeug schnuppern, verliert sie schnell das Interesse und trollt sich wieder – natürlich, ohne auch nur ein paar Muskeln trainiert oder wenige Kalorien abgebaut zu haben, der Mensch dafür umso mehr. Doch unsin-niges Hin- und Herlaufen, kunstvolle Bewegungen mit der Katzenangel und Spielmaus-Weitwurf führen nur dazu, dass Miezi noch gelangweilter ist und sich lieber unter dem Sofa versteckt.

Beobachten Sie Ihre Katze im Freien oder drinnen, so finden Sie ihre Spielvorlieben heraus. Womit er wohl am liebsten spielt?

Wenn Ihnen dieses Fitnesstraining Spaß macht, hat es wenigstens einen Sinn. Sollten Sie Ihre Katze aber zum Spielen und Bewegen animieren wollen, müssen Sie einen anderen Weg finden.

Warum spielt die Katze ungern?

Katzen bleiben in menschlicher Obhut ihr ganzes Leben lang Kinder, ihr Mensch sorgt für Futter, ein warmes Nest und beschützt sie vor potenziellen Feinden. Darum spielen erwachsene Hauskatzen eigentlich ein Leben lang. Hört Ihre ansonsten quicklebendige Katze ganz plötzlich auf, sich übermäßig zu bewegen, ist dies ein Alarmzeichen – hier sollte der erste Weg zum Tierarzt führen! Selbst wenn sich das Kätzchen „nur" einen Dorn eingetreten oder die Pfote verstaucht hat, gehört eine solche Verletzung in fachkundige Hände. Nur die wenigsten Katzenhal-

ter können die Ernsthaftigkeit einer Verletzung und die nötige Behandlung richtig abschätzen. Oft ist ein solcher Sinneswandel aber Anzeichen für eine ernsthafte Erkrankung. Katzen sind Meister darin, Krankheiten zu überspielen und die Symptome zu verstecken. Hören sie plötzlich auf zu Spielen oder zu Fressen, ist dies oft das erste für den Menschen offensichtliche Warnsignal und kann Anzeichen für eine Infektion, für eine Mandelentzündung und andere ernsthafte Gesundheitsprobleme, die man nicht auf die leichte Schulter nehmen sollte, sein.

Den Grund herausfinden

Gehört Ihre Katze aber grundsätzlich nicht zu den verspielten Individuen, ist dies kein Grund zur Panik. Die Gründe können vielfältig sein, eine der häufigsten in unserer Zeit ist das Über-

Aha!

Warum die Katze den Spaß am Spielen verlieren kann:

> Gesundheitliche Probleme
> Verletzungen
> Übergewicht
> Depressionen
> Nicht artgerechtes Spielzeug

gewicht – ein echtes Problem für den Jäger Katze! Eine übergewichtige Katze verliert die Lust, sich zu bewegen und zu spielen. Dann kann sie aber auch die überschüssigen Kalorien nicht abtrainieren, sondern wird, ganz im Gegenteil, noch öfter zum Futternapf schlendern und sich einen kleinen Snack genehmigen – vorausgesetzt, das Futter

steht zur freien Verfügung. Die gleichen Auswirkungen haben Depressionen bei der Katze – bitte entschuldigen Sie den vermenschlichenden Begriff! Die Anzeichen sind allerdings dieselben, die Ursachen oft auch. Wie am Anfang dieses Buches beschrieben, ist das reine Wohnungsleben für eine Katze nur dann artgerecht, wenn der Mensch für eine abwechslungsreiche Umgebung, Bewegungsmöglichkeiten und -anreize und eventuell sogar Spielkameraden sorgt. Besteht aber die einzige Aufgabe unseres kleinen Jägers darin, auf dem Fenstersims zu sitzen oder das Sofa vollzuhaaren, ergeht es ihr wie vielen Frührentnern: Sie gibt sich irgendwann auf. Ihr Leben ist ein einziges langweiliges Grab, tagein und tagaus das Gleiche. Es gibt nichts zu entdecken, nichts Neues, nichts Interessantes. Ohne unsere Katzen vermenschlichen zu wollen: Diese Katzen leiden oft wirklich unter einer Art Depression. Im zweiten Kapitel haben Sie erfahren, wie Sie die

Jede Katze hat individuelle Vorlieben – auch Dösen gehört dazu.

Umgebung Ihrer Katze interessanter gestalten können, um solche Probleme zu vermeiden – nun geht es darum, wie Sie Ihre Katze durch Spielen aus dieser Lethargie reißen können.

Lernen Sie Ihre Katze kennen

Jeder Mensch hat eigene Vorlieben. Der eine steht auf Oldtimer, der andere liebäugelt mit einem neuen Sportwagen. Andere gehen lieber ins Kino – und wieder andere können den bunten Bildern auf der Leinwand gar nichts abgewinnen und kuscheln sich lieber mit einem Buch unter die Bettdecke. Die Geschmäcker sind verschieden – wäre es da nicht falsch, zu erwarten, dass alle Katzen gleich sind? Katzen sind eigensinnig. Sie schlafen, wo sie wollen – garantiert nicht auf ihrer Katzendecke, fressen, was sie wollen – und wahrscheinlich nicht das für sie bestimmte Futter! Sie spielen mit den Sachen, die sie mögen – und garantiert nicht mit denen, die ihnen vorgesetzt werden. Sind Katzen einfach arrogant? Nein, absolut nicht.

Das Problem liegt eher bei uns Menschen: Wir bieten unseren Katzen nur selten den artgerechten Futter- und Schlafplatz, allzu oft ignorieren wir ihre natürlichen Beutevorlieben. Die meisten Katzen sind auf eine bestimmte Form geprägt, sie bevorzugen die typische Mausform, tatzen am liebsten nach fliegenden Gegenständen oder werden von schlängelnden Bewegungen wie denen einer Schlange animiert.

Finden Sie den „Spielzeugtyp" Ihrer Katze heraus

Möchten Sie Ihre Katze motivieren, sollten Sie sich darum ihr Beuteschema ganz genau ansehen. Der Test auf Seite 90 gibt Ihnen hier Hilfestellung: Mag ihre Katze schnelle oder ruhige

Jetzt hab' ich dich! Wilde Jagd nach der Spielangel – Katzenpfoten sind blitzschnell.

Spielzeuge, die sie selber bewegen muss? Hat sie Spaß an Intelligenzspielen? Einige Katzen sind von Spielzeugen, die sie selber bewegen müssen, tierisch gelangweilt – im wahrsten Sinne des Wortes. Interaktive Spielzeuge wie Katzenangeln oder „Sisyphos"-Spiele wie ein Katzenkarussell wirken für sie umso interessanter – oder anders herum. Keine Katze wird spielen, wenn das Spiel an sich für sie nicht interessant erscheint. Bieten Sie Ihrer Katze

Test: Welches Spielzeug für meine Katze?

1 Welche Spielzeugform bevorzugt Ihre Katze?

- ○ Bälle
- ○ Spielmäuse
- ○ Wurmähnliche Gebilde
- ○ Intelligenzspielzeuge
- ○ Katzenangeln
- ○ Alles, was sich bewegt
- ○ Genau die Sachen, die nicht als Katzenspielzeug gedacht sind: Papier-knüddelchen, Alubäll-chen
- ○ Alle Sachen, die sie von irgendwo herunter wer-fen kann
- ○ Meine Zehen
- ○ ....

2 Beschäftigt sich Ihre Katze gerne alleine?

- ○ Ja, sehr gerne!
- ○ Überhaupt nicht
- ○ Habe ich noch nie drauf geachtet
- ○ ....

3 Welche Verstecke bevor-zugt Ihre Katze?

- ○ Sie liebt Pappkartons über alles
- ○ Sie versteckt sich oft und gerne unter meiner Bett-decke
- ○ Irgendetwas, wo sie ihre Ruhe hat – zum Beispiel unterm Bett
- ○ Einkaufstüten, Blumen-töpfe – alles, was nicht für den kätzischen Gebrauch gedacht ist
- ○ Meine Katze versteckt sich nicht
- ○ ....

4 Mag die Katze Intelligenz-spielzeuge?

- ○ Ja, sehr gerne!
- ○ Nein, sie bricht das Spiel nach ein paar Sekunden ab
- ○ Sie lassen derartige Spiel-anordnungen kalt
- ○ ....

5 Auf welche Reize reagiert Ihre Katze besonders?

- ○ Schnelle Bewegungen
- ○ Hohe Geräusche wie Fiepen oder Klingeln
- ○ Möglichst geräusch-armes Spielzeug
- ○ Fliegende Spielzeuge wie Katzenangeln
- ○ Geruch von Catnip
- ○ Baldrian-Geruch
- ○ ....

6 Wie reagiert Ihre Katze auf Frustration, zum Bei-spiel bei Sisyphos-Spielen?

- ○ Solche Spiele lassen sie nicht los, sie will das Rätsel unbedingt lösen und spielt weiter
- ○ Eine derartige Frustration macht sie aggressiv
- ○ Sie spielt das nächste Mal nicht mehr mit ei-nem derartigen Spielzeug
- ○ ....

Schauen Sie sich Ihre Ergebnisse genau an. Da jede Katze in Bezug auf ihre Spielge-wohnheiten anders ist, bieten wir Ihnen hier keine detaillierte Spielauswertung, denn die wäre völlig unnötig. Schließlich geht es hier nicht darum, Ihre Katze einem bestimmten Typ unterzuordnen, sondern herauszufinden, welche Spielarten Ihre Katze bevorzugt.

Meine Katze mag folgende Spiele:

....

....

Meine Katze spielt ungern mit:

....

....

das, wovon sie träumt – egal, ob es eine Fellmaus, ein Wackel-Ball oder eine Katzenangel mit einem Schmetterling ist!

Bewegen Sie sich

Gerade Einzelkatzen lieben es, wenn „ihr" Mensch mitspielt. Es kann also sein, dass auch Sie sich etwas bewegen müssen. Apropos Bewegung: Katzen sind Beutejäger und werden durch schnelle Bewegungen und/oder hohe Geräusche auf ihre Beute aufmerksam gemacht. Nutzen Sie dies! Rollen Sie einen Ball schnell über den Boden oder lassen Sie eine Spielmaus in einem Affenzahn über den Parkettboden rutschen, wirken beide Dinge gleich viel attraktiver auf die Katze. Sie liebt es, Dinge zu entdecken und zu erobern – einige Katzen bevorzugen zum Beispiel die Zehen ihres Menschen unter der Bettdecke als interaktives Spiel. Auch dieses Element der versteckten Beute kann man leicht mit ins tägliche Spiel einbauen, denn eine Katzenangel unter der Zeitung oder einer alten Decke ist weit reizvoller. Benutzen Sie aber bitte nur die Zeitung von gestern, denn es kann gut sein, dass dieses Spiel mit zerfetztem Papier endet. Im nächsten Kapitel finden Sie zudem einige Basteltipps, garantiert werden Sie und Ihre Katze hier fündig.

Motivation geht durch den Magen

Wir haben im vorherigen Kapitel festgestellt, dass Leckerchen die größte Motivation für eine Katze sind. Kein Wunder: Hat sie in der Natur ordentlich gejagt, gibt es als Belohnung einen Maushappen. Genauergesagt ist dieser überhaupt der Grund, warum eine Katze jagt, warum sie ihre Muskeln und Gelenke von der Geburt an hart trainiert und ihre Krallen mit größter

Apportieren

Tipp

Einige Katzen apportieren für ihr Leben gerne. Wirft man einen Ball, bringen sie ihn sofort zurück – damit er noch einmal geworfen werden kann. Sollte Ihre Katze zu diesen talentierten Sofatigern gehören, können Sie sie auch ohne viel Action vom Sofa aus unterhalten. Doch Apportieren ist nicht nur ein Talent, es ist auch zum Teil anerzogen. Loben Sie Ihre Katze darum, wenn sie das erste Mal einen geworfenen Ball wiederbringt und werfen Sie das Spielzeug dann gleich noch einmal! Bei diesem Spiel ist die Belohnung eingebaut, jedesmal, wenn die Katze das Spielding Ihnen wieder bringt und Sie es wieder wegwerfen, belohnt sie sich selbst.

Sorgfalt pflegt. Bleibt diese Belohnung aus, führt das zu Frust. Das heißt jetzt natürlich nicht, dass Sie Ihre Katze von morgens bis abends mit allerlei

Der Speck muss weg: Übergewichtigen Katzen macht das Spielen wenig Spaß.

Tipp

Das richtige Timing

Ein Leckerchen zur richtigen Zeit wirkt Wunder! Allerdings sollte hier Maß gehalten und der Snack von der Tagesgesamtfuttermenge abgezogen werden. Übergewicht ist schließlich kontraproduktiv, wenn es um Fitness geht.

Leckerem vollstopfen sollen. Ganz im Gegenteil. Ihre Katze darf ruhig etwas arbeiten – wenn sie dies getan hat, hat sie sich aber auch ein Leckerchen verdient.

Spielfaule Katzen haben aus irgendeinem Grund das Gefühl für Bewegung verloren. Für sie ist es eine unsinnige Tätigkeit, sich mit einer Spielmaus abzumühen – wieso auch, sie schmeckt sowieso nicht! Möchte man diesen Kat-

zen den Spaß am Spiel näher bringen, führt dieses in der ersten Linie über den Magen. Wenn Sie Ihre Katze mit Trockenfutter belohnen, der gefüllte Napf aber jederzeit zur freien Verfügung steht, brauchen Sie sich nicht wundern, wenn Ihre Katze für ein kleines Bröckchen keine Kralle krümmt. Denken Sie sich etwas aus, bieten Sie Ihrer Katze als Belohnung ein paar besondere Leckerbissen. Ein kleines Stück Käse oder ein Stück Schinken wirken Wunder. Probieren Sie auch einmal getrockneten Fisch oder getrocknete Rinderherzbrocken, viele Katzen lieben die knackigen Snacks. Sollte Ihre Katze anfangs nicht wissen, wozu die trockenen Dinger da sind, können Sie diese in etwas Katzenfuttersauce tauchen. Dann entfällt natürlich das Durch-die-Wohnung-werfen, sonst können Sie hinterher gleich putzen.

Übrigens: Nicht bei allen Katzen funktioniert diese Art der Belohnung. Manche Stubentiger sehen auch ein

Versteken Sie die Leckerlis doch mal in einem Karton!

leises „Fein!" und ein kurzes Kraulen als Bestätigung an! Da Katzen keine „Ausdauersportler" sind, kommt auch eine kleine Verschnaufpause nach einer ausgedehnten Spielrunde gut an.

Richtig belohnen

Übrigens: Die Katze soll nicht für jeden Schritt, den sie auf das Spielzeug zu macht, belohnt werden – sondern für das erfolgreiche Spiel. Am Anfang belohnen wir natürlich schon das reine Antatzen des Spielballes – später gibt es die Belohnung aber erst nach dem „Kampf". Wann Sie Ihrer Katze das Leckerchen geben, hängt ganz von Ihrer Katze ab. Entwickeln Sie ein Gefühl dafür, wann sie die Lust am Spiel verliert – und wann Sie sie durch ein gezieltes Leckerchen zum Weitermachen animieren können.

Sehr wichtig ist auch die Art der Leckerligabe. Die Katze soll sich nun nicht auf ein Kaffeekränzchen einlassen und erst einmal zu Ruhe kommen – bei spielfaulen Katzen ist es wichtig, die Belohnung in das Spiel einzubauen, sie durch die Zugabe zum Weiterspielen zu animieren. Verstecken Sie das Leckerchen unter der Spielmaus oder werfen Sie es durch die Wohnung – animieren Sie Ihre Katze dazu, sich weiter zu bewegen. Im letzten Kapitel dieses Buches finden Sie weitere Informationen zum Zubereiten artgerechter Leckerlis!

Verstecken macht die Sache spannend

Eine weitere Möglichkeit ist es, die Katze gar nicht bewusst zu belohnen, sondern sie ihr Futter erarbeiten zu lassen. Vielleicht versuchen Sie es einfach einmal mit einem Snack-Ball, in dessen Inneren Sie kleine Leckerchen verstecken können, die beim Spielen heraus-

Baldrian und Katzenminze versetzen Katzen in einen harmlosen Rausch.

fallen. Oder Sie verstecken die Leckerchen in der Wohnung, auf dem Balkon, unter Tischen und auf dem Kratzbaum. Gehen Sie hier zuerst ganz langsam vor und zeigen Sie der Katze genau, wo die leckeren Sachen versteckt sind – dann können Sie immer schneller fortschreiten, sodass Ihre Katze schließlich richtig suchen muss. So werden auch faule Katzen zum Entdecken angeregt – es lohnt sich ja schließlich für sie!

Alternativ können Sie die Belohnung auch in kleinen Kartons, Papiertüten, Schachteln oder in Toilettenpapier-Rollen verstecken. Basteltipps hierzu gibt es auch auf Seite 100.

Wählen Sie am besten stark riechende Leckerlis, damit Ihre Katze die Fährte aufnehmen kann und nicht auf gut Glück suchen muss. Solche sind zwar in den seltensten Fällen wirklich gesund, weil sie mit Lockstoffen angereichert sind – aber wir halten ja Maß! Trotzdem sollte die Portion Leckerlis, die sich die

Aha!

Laserpointer

Laserpointer eignen sich nicht als Katzenspielzeug. Der direkte Blick in den Lichtstrahl ist nicht nur gefährlich, es bleibt auch der „Erfolgseffekt", den die Katze dringend braucht, aus. Schließlich kann sie den roten Lichtpunkt nie fangen, egal, wie sehr sie sich anstrengt.

Katze während des Spiels verdient, von der Gesamtfuttermenge abgezogen werden.

Magische Düfte

Einen besonderen Anreiz ohne Kalorien bieten auch Katzenminze (Catnip) und Baldrian. Die getrockneten Kräuter erhalten Sie in der Apotheke oder im Internethandel – luftdicht und trocken aufbewahrt, halten sie sich lange Zeit.

Mit speziellen Spielzeugen können Katzen sich auch ohne menschliche Hilfe beschäftigen.

Für unsere Katzen sind derartige „Spielkräuter" eine gewohnte Abwechslung, in eine Kräutermischung aus Katzenminze und Baldrian eingelegte Spielsachen werden über Nacht wieder attraktiv – sie rufen einen harmlosen Rausch hervor und kurbeln den Spieltrieb an.

Mit Katzenminze können Sie auch neue Katzenmöbel für ihre Katze attraktiv machen. Will Ihre Katze den neuen Kratzbaum also partout nicht einweihen, kann dies eine Lösung sein. Die Präparierung von Katzenmöbeln sollte also kein Dauerzustand sein – sonst wirkt auch diese Wunderwaffe irgendwann nicht mehr.

Wenn der Mensch keine Lust hat ...

Doch nicht immer ist die Katze der wortwörtliche Spielverderber. Oft hat auch der Mensch partout keine Lust, die Katzenangel zu schwingen – oder kann es nicht, weil er vielleicht krank ist oder das Drei-Gänge-Menü fürs Abendessen gekocht werden muss. Natürlich könnten Sie jetzt mit einer Hand mit Ihrer Katze spielen, während sie mit der anderen den Einkaufszettel schreiben, die Spaghettisauce umrühren oder Ihre Aktien verwalten – aber wollen Sie das? Schließlich soll das Spiel Ihnen und Ihrer Katze Spaß und Entspannung bieten.

Es geht auch anders. Wieder ist die artgerechte Wohnungseinrichtung der erste Schritt zur erfolgreichen Förderung, ohne großartige Arbeit. Kann Ihre Katze auch ohne ihr Zutun klettern, sich die Krallen wetzen und sich verstecken, ist sie nicht mehr so auf Ihre Aktivität angewiesen. Doch was tun, wenn die Katze vom Spieltyp x einen immer wieder zu einem kleinen Spielchen

Geschenkband und Wolle können gefährlich sein – so attraktiv sie auch wirken.

auffordern will, man aber einfach keine Energie mehr hat, irgendwelche Bälle durch die Gegend zu kicken? Hier bietet sich interaktives Spielzeug an.

Für Alleinunterhalter

Möchten Sie Ihre Katze auch ohne Ihre Aktivität beschäftigt wissen oder gehört sie zu den Alleinunterhaltern, sollten Sie nach Spielideen Ausschau halten, mit denen die Katze sich selber beschäftigen kann.

Auch hier hält der Handel etliche Ideen bereit, mit etwas Geschick und Kreativität kann man derartige Unterhaltungsmittel auch einfach selber bauen. Ziel ist es, ein Spielzeug zu schaffen, was sich selber bewegt und der Katze dadurch einen Spielanreiz gibt. Hierbei können auch andere Elemente der Katzenwohnung, wie Kratz-, Kletter- oder Versteckmöglichkeiten, eingebaut werden.

Tipp

Der Schuhtrick …

Befestigen Sie doch einfach einmal ein Stück Geschenkband an Ihrem Schuh an, während Sie die Hausarbeit verrichten. Ihre Katze wird Ihnen auf Schritt und Tritt folgen.

1 Die einfachste Variante, die es in vielen Katzenhaushalten gibt, ist sicherlich die Katzenangel am Kratzbaum. Alternativ wird einfach ein Spielzeug an einer langen Schnur befestigt.

Aber Vorsicht: Ist die Katze auch noch so begeistert von dem Spielzeug und bewegt es sich ohne große Aufforderung selber, kann das Seil der Angel doch sehr schnell zum Strick werden. Die Katze kann sich dort verheddern und in Panik geraten, wenn nicht sogar strangulieren. Das Gleiche gilt für das

Tipp

In der Ruhe liegt die Kraft

Gönnen Sie Ihrer Katze nach dem Spiel
eine kleine Ruhepause mit Kuscheln und
Schmusen – das ist die schönste Belohnung!

beliebte Wollknäul, Geschenkband oder
Fäden: Hierin kann sie kürzere oder längere Stücke zudem verschlucken. Bleiben sie in den Gewinden des Darms und
verheddern sich dort, kann auch das
schlimm ausgehen. Darum sollten Sie
Ihre Katze nur in Ihrer Anwesenheit mit
derartigen Spielzeugen spielen lassen –
auch, wenn hiermit die Möglichkeit der
Alleinunterhaltung erschöpft ist.

2 Eine sicherere Variante sind Spiel-
zeugfiguren mit langen Schlenker-
armen und -beinen, die nur an einer
sehr kurzen, dicken Baumwollschnur
befestigt sind und mit einem Saugnapf
an einer glatten Fläche wie beispielsweise die Fensterscheibe gedrückt
werden können. Sie versprechen ge-

Noch findet sie dieses Spiel hochinteressant …
Doch Erfolg muss sein!

nauso viel Spaß, sind aber sehr viel
ungefährlicher als die Variante mit dem
langen Seil.

3 Wer es ausgefeilter mag, kann
seiner Katze ein Art Sisyphos-Spiel
schenken. Die bekannteste Art ist die
des Katzenkarussells, eines hohlen
Plastikringes, in dem sich ein bewegli-
cher Ball befindet. Die Katze kann ihn
durch Löcher in der Röhre sehen, ihn
berühren, anschubsen – aber nie aus
der Röhre entfernen und in ihr sicheres
Spielzeug-Versteck bringen. Auch, wenn
derartige Spielzeuge die kätzische Neugier befriedigen und sie sich sicherlich
lange Zeit damit beschäftigen, bleibt
doch die Enttäuschung: Die Katze kann
nie Sieger werden. Das frustriert sie in
etwa so, als wenn Sie in Ihrem Beruf
Überstunden machen, aber nie ein paar
Euro auf Ihrem Gehaltskonto sehen.

4 Eine bessere Variante sind Spielzeuge, bei denen die Katze die Beute
lokalisieren und langsam fangen oder
hervorholen muss. Solche halten eine
Katze auf Trab, hier können Sie nichts
tun, um das Spiel zu beschleunigen
oder mehr Action in den Verlauf zu
bringen. Darum eignen sich Intelligenzspielzeuge auch perfekt für Alleinunterhalter.

5 Ein Pfötelkasten, ob selbstgebaut
oder gekauft, kann eine Katze stundenlang beschäftigen!

6 Mittlerweile gibt es auch automati-
sche Katzenspielzeuge, die unserem
kleinen Jäger via Batterie Spiel und
Spaß bieten. Diese Lösung eignet sich
vor allem für Sofatiger, die sich nicht
zu Intelligenzspielen aufraffen können
und noch etwas Animation brauchen.

Ein Rascheltunnel bietet für Alleinunterhalter jede Menge Spaß und Abwechslung – ist aber auch sicherer Rückzugsort.

So wird diese Katzenangel auch geschwenkt, wenn Herrchen und Frauchen gerade keine Lust zum Spielen haben. Sollte das Spielzeug aber jederzeit zur freien Verfügung stehen, müssen sie die Spielmaschine immer wieder abstellen und für andere Abwechslung sorgen, damit Ihr Sofatiger nicht irgendwann das Interesse verliert.

7 Neue oder wiederentdeckte Spielzeuge, andere Gerüche, eine Prise Katzenkräuter oder eine neue Spielanordnung können das Interesse nach einiger Zeit wieder aufflammen lassen.

8 Ich habe meinen Katzen zu Anfang einen Rascheltunnel gekauft. Dieser Spieltunnel aus Nylon ist einem Krabbeltunnel für Babys sehr ähnlich. Katzen reizt die Höhle mit Versteck-

Vorlieben kennenlernen

Tipp

Für alle Spielzeuge und besonders für solche, mit der sich die Katze allein beschäftigen kann, gilt: Kein interaktives Spielzeug eignet sich für alle Katzen. Hier kommen Sie ins Spiel: Wenn Sie wollen, dass Ihre Katze auch einmal allein spielen soll, müssen Sie ihre Spielvorlieben genau kennen. Je perfekter Sie ihr bevorzugtes Beuteschema im Spiel nachahmen, umso begeisterter wird Ihre Katze mit Ihnen spielen. Finden Sie mit dem Test auf Seite 90 heraus, welche Beute Ihre Katze bevorzugt!

möglichkeit. Raschelt die Folie des Tunnels ganz leicht, wird aus der Ruhehöhle dann ganz schnell ein interessantes Spielzeug.

Für Bastler

100 **Bastelideen**

100 Kleiner Aufwand, große Wirkung

101 Selbstgemacht

104 Für Bastelhungrige

Check

109 Qualitätskontrolle für selbst-
    gebasteltes Spielzeug

Bastelideen

Unsere Fellnasen haben nicht nur in Sachen Futter und Schlafgewohnheiten unterschiedliche Ansichten, sondern auch bei ihrer Freizeitgestaltung.

Die eine Katze mag Spielmäuse, die andere auch – aber nur, wenn sie echtes Fell haben. Das riecht so schön nach Beute. Die andere bevorzugt Spielbälle, wieder eine andere mag nur die Katzenangel. Bis man alle Möglichkeiten durch und das perfekte Spielzeug, das Mieze vom Sofa holt, gefunden hat, vergeht viel Zeit und eventuell hat man schon einiges Geld umsonst ausgegeben. Doch Ihr Portemonnaie sollte nicht zu sehr leiden, nur weil Sie den Spieltrieb Ihrer Katze wecken möchten. Warum basteln Sie nicht einfach selber ein

Korken und Alufolie sind ein beliebtes und günstiges Spielzeug.

paar schöne Spielzeuge oder beziehen Alltagsgegenstände mit ins Spiel ein?

Kleiner Aufwand, große Wirkung

Um Ihrer Katze ein tolles Spielzeug zu bieten, müssen Sie sich nicht stundenlang in den Bastelkeller setzen. Sie brauchen noch nicht einmal zum nächsten Tierladen laufen oder sich an den PC zu setzen, um im Internet zu bestellen. Schauen Sie sich in Ihrer Wohnung um – viele Alltagsgegenstände eignen sich perfekt als Katzenspielzeug! Ihre Katze hat diese Möglichkeiten vielleicht schon längst entdeckt.

Beobachten Sie sie, während Sie in der Küche stehen oder auf dem Sofa sitzen. Wie reagiert sie, wenn Ihnen der Korken runterfällt oder eine Nuss auf dem Parkett landet? Sie wird sich dem neuen Spielzeug wahrscheinlich mit gespitzten Ohren nähern. Das können Sie ausnutzen: Bieten Sie also Ihrer Katze kleine Alltagsgegenstände als Spielzeug an.

Aber Vorsicht: Die Teile dürfen nicht zu klein sein, damit Ihre Katze sie verschlucken kann. Spitze Ecken oder Kanten sollten gemieden werden, ebenso scharfe Enden – oder Spielzeuge, mit denen sich die Katze erdrosseln kann wie mit dem berühmten Wollknäuel. Trotzdem gibt es noch jede Menge

Basteln Sie das Spielzeug für Ihre Katzen doch einfach einmal selbst!

Möglichkeiten, Ihrer Katze ohne große Kosten oder großen Aufwand eine noch größere Freude zu bereiten:

> Kastanien, Korken
> Plastikverschluss einer Flasche
> Kordeln oder Geschenkband (bitte nur in kurzen Stücken und unter Aufsicht!)
> Zeitungspapier
> Leere Klebepapier-Rollen
> Stoff- oder Fellreste
> Kleinere oder größere Federn
> Zusammengeknüllte Alufolie
> Papiertüten mit durchgeschnittenen Henkeln
> Pappschachteln, Papierkügelchen
> Kleine Kästchen und Plastikbecher, in denen Leckerlis versteckt werden
> Ausrangierter Modeschmuck
> Pingpongbälle

Selbstgemacht

1 Die einfache Katzenangel
Hierzu brauchen Sie noch nicht einmal einen stabilen Holzstock, altes, abgelegtes Spielzeug Ihrer Katze und ein stabiler Wollfaden reichen aus. Knoten Sie das Spielzeug an den Faden, können Sie ihn hinter sich her ziehen, die „Beute" mal schnell, mal langsam bewegen und sie durch die Luft fliegen lassen – schon wird die Katze das bisher uninteressante Spielzeug mit ganz anderen Augen sehen! Um den Jagdtrieb noch weiter anzuheizen, können Sie diese selbstgebaute Angel unter einer alten Zeitung oder einer alten Decke

Eine Katzenangel lässt sich mit wenigen Utensilien schnell herstellen.

einer alten Decke oder Handtuch, unter dem Sie ein Spielzeug bewegen, können Sie dieses Beutespiel ganz einfach inszenieren. Der Sicherheit halber sollten Sie das Spielzeug an einer Katzenangel oder einem Faden befestigen, bevor Sie mit dem Spiel anfangen – nur für den Fall, dass Ihre Katze zu den harten Kämpferinnen gehört, die sich auch gerne einmal durch die Decke buddeln. Bewegen Sie die Beute mal schnell, mal langsam – schon bald wird Ihre Katze anfangen, zu lauern und auf die Decke zu sprinten. Einige Katzen lauern etwas länger – hier sollten Sie sich keine Gedanken machen. Denn die eigentliche Jagd beginnt im Kopf, beim Lauern berechnet die Katze Abstand, Höhe und Schnelligkeit des Beutetieres. Machen Sie einfach weiter, so lange die Katze kein komplettes Desinteresse zeigt, wird Sie Ihnen bald schon auf den Leim gehen!

herziehen. Allein die Bewegung wird Ihre Katze verrückt machen.

Um die einfache Katzenangel etwas stabiler zu gestalten, können Sie zum Beispiel einige Wollfäden zusammenfassen und zu einem langen Seil flechten. Eine sehr gute und noch einfachere Variante ist eine große Straußenfeder, die zudem auch noch so schön nach Beutetier riecht. Natürlich kann das Ganze noch an einen Stab gebunden werden, sodass Sie die Beute auch auf dem Sofa sitzend fliegen lassen können.

2 Die Spieldecke

So kommen wir schon zur nächsten Möglichkeit, Ihrer Katze ohne großes Basteltalent Freude zu bereiten. Katzen lieben es, zu entdecken und vermeintlich versteckte Beute aufzustöbern, denken Sie an Ihre Zehen. Mit

3 Die Rascheltüte

Katzen lieben Kartons – und sie lieben Papiertüten. Diese sind schon so interessant genug, sie riechen gut und rascheln so schön. Durch einen zusätzlichen Anreiz werden sich aber selbst die spielfaulsten Katzen zum Erkunden der Tüte hinreißen lassen! Verstecken Sie einfach ein paar Katzenspielzeuge, die möglichst gut riechen oder Geräusche von sich geben, in der Tüte. Besonders interessant sind kleine Aufziehautos oder batteriebetriebene Spielmäuse, die man in der Tüte fahren oder laufen lässt. Spaß und zerfetztes Papier garantiert!

Springt Ihre Katze nun in oder auf die Tüte, bewegen sich diese „Beutetiere", geben Geräusche von sich und lassen sich gut durch die Tütenöffnung erhaschen. Wem dies nicht reicht, kann auch noch kleine Fenster an den Seiten in das Papier schneiden.

4 Katzenminze-Socke

Katzen lieben Katzenminze – nur wenige können dem Geruch des Krautes widerstehen. In dem Fall wirkt Baldrian Wunder. Kleine Katzenminze- und Baldrian-Duftkissen kann man leicht selber herstellen, auch ohne Nähmaschine. Hierzu müssen Sie noch nicht einmal zu Nadel und Faden greifen – eine kleine Babysocke, die Sie mit Katzenminze und einem Füllmaterial wie Teddywolle oder Styroporkügelchen befüllen, reicht schon aus. Knoten Sie die Socke am offenen Ende zu oder verschließen Sie sie mit einer schönen Kordel – fertig ist die Duftsocke für Ihre Katze!

5 Rock'n'Roll

Snack-Bälle können Sie ganz einfach und mit wenig Aufwand selber herstellen! Für die Rock'n Roll-Rolle benutzen Sie eine leere Toilettenpapier- oder andere Papprolle, in die Sie kleine Fenster schneiden, durch die gerade ein paar Trockenfutterbrösel passen. Die offenen Enden der Rolle schließen Sie mit etwas Seidenpapier und füllen das Ganze mit einigen kleinen Leckerlis oder Trockenfutter. Rollt Ihre Katze die Röhre nun über den Boden, fallen nach und nach kleine Leckereien heraus. Ihre Katze wird das System schnell begreifen. Übrigens: Dieses Spiel eignet sich auch für Alleinunterhalter.

> Papiertüten bieten ein ideales Versteck – bitte schneiden Sie die Henkel unbedingt durch!

Die Rock'n'Roll-Rollen können Sie individuell nach Ihren Vorlieben gestalten. Bunt beklebt oder im Originalzustand – Hauptsache, Ihre Katze hat Spaß damit!

Für Bastelhungrige

Sie basteln gerne und haben vielleicht sogar das ein oder andere Utensil daheim? Perfekt! Mit etwas Mühe und Zeit können Sie ganz hervorragende Spiele für Ihre Katze schaffen – selbst Intelligenzspiele stellen kein Hindernis mehr dar. Natürlich können und dürfen Sie alle Bastelanleitungen abändern, schließlich ist der Sinn der Sache, das Spielzeug auf Ihre Katze und deren Vorlieben abzustimmen, nicht anders herum. Schauen Sie sich also am besten noch einmal genau den Katzenspieltest in diesem Heft an, bevor Sie loslegen.

1 Baldrian-Kissen
Wer gerne näht oder kreativ ist, kann natürlich sein ganz eigenes Katzenminze-/Baldriankissen designen, die individuelle Form der „Katzenminze-Socke".

Das brauchen Sie:
> Ein Stück Stoff, mindestens 30 x 30 cm
> Nadel und Faden, eventuell eine Nähmaschine
> Katzenminzeblüten und/oder Baldrianblätter

So geht's:
Schneiden Sie den von Ihnen gewünschten Baumwollstoff zu zwei mindestens 15 x 15 cm großen Rechtecken. Beachten Sie, dass das fertige Kissen durch die Nähte noch etwas kleiner wird! Legen Sie die beiden Rechtecke nun übereinander – so, dass die bedruckte Seite des Stoffes innen liegt – und nähen Sie nun drei der vier offenen Seiten mit einem geraden Stich aneinander. Durch die geöffnete Seite drehen Sie den Stoff nun auf rechts und füllen ihn mit Füllmaterial und einer kleinen Menge Katzen-

minzeblätter, -blüten oder Baldrian-
wurzeln. Nähen Sie nun die offene Seite
mit der Hand oder einer Nährmaschine
zu – fertig ist Ihr Katzenkissen!

2 Blöder Vogel!

Mit diesem Spiel können Sie ganz
einfach und günstig batteriebetriebene,
katzenangelschwenkende Spielzeuge
nachahmen. Richtig gestaltet, wird sich
Ihre Katze auch ohne Ihr Zutun gerne
mit diesem Spielzeug beschäftigen!

Das brauchen Sie:

> Einen einfachen Blumentopf aus Ton
  mit einem Durchmesser von etwa
  15 cm. Von diesem Topf und seiner
  Größe hängt die Standfestigkeit des
  Spiels ab – wählen Sie die Größe also
  nach dem Gewicht Ihrer Katze!
> Einige kleine Kiesel oder schwere
  Deko-Steine, alternativ Beton
> Ein Stück dicken Draht, Länge etwa
  20 cm
> Ein für Ihre Katze reizvolles Spielzeug

So geht's:

Zuerst einmal geht es darum, das
richtige Spielzeug für Ihre Katze zu
finden. Bestimmt haben Sie im Laufe
der letzten Kapitel schon herausge-
funden, welches Beuteschema Ihre
Katze bevorzugt! Wählen Sie ein
entsprechendes Spielzeug, mit Feder,
Katzenminze, Baldrian, in Ball- oder
Mausform. Vielleicht reicht auch eine
einfache Kugel aus Aluminiumfolie.
Dieses Spielzeug befestigen Sie nun am
einen Ende des Drahtstückes, gegebenenfalls müssen Sie hier auf ungiftigen
Klebstoff zurückgreifen. Das andere
Ende stecken Sie inmitten der Kiesel
in den Blumentopf oder betonieren
es sogar fest. Nach einigem Hin- und
Herwippen der Drahtangel wird Ihre

Katzenminze- und Baldriankissen lassen sich mit
etwas Geschick leicht herstellen.

Für Alleinunterhalter: Der „blöde Vogel" zieht Katzen
magisch an …

Katze schnell anfangen, sich mit dem
neuen Punching-Ball zu beschäftigen.
Je nach Ihren Vorlieben dürfen Sie das
Ganze natürlich noch dekorieren oder
entsprechend farblich bemalen.

3 Das Hütchenspiel

Genau wie die Spielstation kann man mit etwas Geschick und Kreativität leicht Intelligenzspielzeug für Katzen bauen. Diese trainieren nicht nur Geschick und Aufnahmefähigkeit Ihrer Katze, sondern dienen auch als ideales Spielzeug für Alleinunterhalter.

Für das Hütchenspiel brauchen Sie:

> Eine stabile Unterlage, idealerweise ein dünnes Holzbrett oder ein Tablett
> Dünnes Papier, einfaches Kopier- papier mit 80 g/m^2 reicht aus
> Schere, Zirkel
> Giftfreien Klebstoff
> Leckerchen
> Eventuell Federn
> Dekoration nach Bedarf

Ein bisschen Papier und ein paar Leckerchen: Dieses Glücksspiel ist erlaubt!

So geht's:

Zuerst geht es ans Basteln der Hütchen. Damit die Hütchen nach einem leichten Schubs umfallen, darf das Papier nicht zu steif sein – normales Druckerpapier reicht vollkommen aus. Mit einem Zirkel zeichnen Sie Kreise mit einem Durchmesser von etwa 10 cm auf das Papier. Damit das Basteln der Hütchen leichter fällt, entfernen Sie nach dem Ausschneiden ein kleines „Kuchen- stück" mit der Schere und kleben die losen Enden mit etwas Kleber anein- ander. Fertig ist das erste Hütchen. Für ein komplettes Hütchenspiel benötigen Sie etwa fünf bis zehn solcher selbst gebastelter Hütchen.

Auch dieses Spiel können Sie ganz nach Gutdünken, Ihren persönlichen Vorlieben und denen Ihrer Katze ge- stalten. Kleine Federn auf den Hütchen erhöhen zum Beispiel den Reiz.

Nun geht das Spiel los:
Sie stellen alle Hütchen auf der stabilen Unterlage und legen unter jedes Hütchen ein kleines Leckerli – hierzu können Sie natürlich auch die selbstgebackenen Leckerchen aus dem letzten Kapitel dieses Buches verwenden. Achten Sie darauf, dass Ihre Katze Sie beim Verstecken beobachtet – denn sie muss die Hütchen nun umwerfen, um an die Leckereien zu kommen. Werfen Sie die ersten Hütchen mit einem Finger leicht um und lassen Sie Ihre Katze die kleine Belohnung kosten. Je nachdem, wie geruchsintensive Leckerchen Sie gewählt haben, wird sie vielleicht schon gleich die übrigen Hütchen untersuchen. Durch kurzes Lüften geben Sie etwas Starthilfe und zeigen Ihrer Katze noch einmal, welche Belohnung unter dem Hütchen winkt.

Hat die Katze verstanden, worum es geht, können Sie den Schwierigkeitsgrad erhöhen und nur unter jedem zweiten Hütchen ein Leckerchen verstecken. Zeigen Sie Ihrer Katze genau, wo sich die Leckerchen befinden – je besser sie aufpasst, desto schneller kann sie sich über die Belohnung freuen!

4 Der Pfötel-Kasten

Ob der Pfötel-Kasten zu den Intelligenzspielzeugen gehört oder nicht – er ist eine hervorragende Gelegenheit, der Katze eine Herausforderung zu bieten, der sie sich auch ohne menschliche Hilfe stellen kann. Das Konzept des Pfötel-Kastens ist denkbar einfach: Katzen lieben Versteckspiele, sie stöbern für ihr Leben gerne Beute auf und können stundenlang vor einem Mauseloch sitzen. Im Pfötelkasten befindet sich jede Menge lohnenswertes Diebesgut, das aber erst einmal entdeckt und hervorgeholt werden muss.

Einfach und vielseitig: Der Pfötelkasten ist sehr beliebt bei großen und kleinen Katzen.

Das brauchen Sie:
> Einen großen (Schuh-)Karton mit Deckel, für die kleine Version reicht auch eine Taschentuchbox
> Ein scharfes Messer oder eine Schere
> Giftfreien Klebstoff
> Verschiedene Spielzeuge, zum Beispiel Federn, Spielmäuse, Tischtennisbälle oder Catnip-Kissen
> Dekoration je nach Belieben

So geht's:
In den Korpus des Kartons, in den Deckel und an den Seiten schneiden Sie nun mit einem scharfen Messer oder einer Nagelschere verschiedene Öffnungen, durch die die Katze gerade so durchgreifen kann. Natürlich dürfen diese Öffnungen auch nicht kleiner sein als das Spielzeug, mit dem Sie den Kasten schließlich füllen. Deckel drauf, zugeklebt, befüllt – schon ist der Pfötelkasten fertig. Als Füllung eignen sich lecker riechende Sachen wie kleine Baldrian- oder Katzenminze-Kissen,

Vogelfedern, kleine Fellreste oder natürlich fertiges Spielzeug von der Stange.

Auch bei der Gestaltung sind Ihrer Kreativität aber keine Grenzen gesetzt. Sie können die Öffnungen in Herzchenform schneiden, den Kasten wie ein kleines Puppenhaus mit verschiedenen Räumen aus kleinen Pappkästchen gestalten oder das ganze sogar aus Holz bauen. Für letzeres ist natürlich etwas mehr Geschick notwendig. Besonders interessant wird es natürlich, wenn Sie das Innere des Kastens mit Knisterpapier auskleiden – so hat das Angeln gleich noch einen viel größeren Reiz für Ihre Katze!

Für Eilige: Auch eine einfache Taschentuchbox eignet sich als Pfötelkasten. Durch die vorgegebene, meist ovale Öffnung im oberen Teil kann Ihre Katze allerlei interessante Sachen entdecken und angeln.

2 Mäusejagd

In der Natur muss die Katze ihre Nahrung nicht nur aufspüren, sondern auch selber jagen und erlegen. Mit diesem Spiel ahmen wir den Beutefang nach.

Das brauchen Sie:
> Mehrere leere Küchentuchrollen
> Etwas Seidenpapier
> Schere, Kleber, Bleistift, Klebeband
> Einen dünnen Holzstab, Länge etwa 20 cm
> Eine kurze Kordel, etwa 10 cm lang
> Eine Fellmaus oder eine große Feder, alternativ das Lieblingsspielzeug Ihrer Katze, so lange es ohne Probleme in die Rollen passt

So geht's:
Zuerst einmal bauen Sie einen Komplex vom „Mauselöchern". Hierzu verwenden

Tolles Katzenspielzeug lässt sich mit etwas Fantasie ganz leicht selbst herstellen. Auf geht's zur Mäusejagd!

Sie leere Küchentuchrollen, alternativ eignen sich auch Toilettenpapierrollen oder kleinere, längliche Kästen, die man an beiden Seiten öffnet. Mit etwas Klebstoff bauen Sie aus den Rollen eine Art Pyramide – damit der Komplex hinterher auch ohne Hilfe stehen bleibt, reduzieren Sie die Zahl der Rollen nach obenhin. Aus dem Seidenpapier schneiden Sie kleine Kreise mit dem Durchmesser der benutzten Rollen – befestigen Sie diese mit einem dünnen Klebestreifen an der Oberseite der Mauselöcher ergibt sich ein Art Vorhang. Für die Beute befestigen Sie das Spielzeug an einer kurzen Kordel und diese an dem dünnen Holzstab.

Nun geht das Mausen los:

Mit Hilfe des Holzstabs schieben Sie das Spielzeug in eine der Rollen, für den Anfang möglichst in eine geöffnete, sodass Ihre Katze die Beute sehen kann. Sie wird versuchen, es zu erhaschen und aus der Rolle zu ziehen – doch Fehlanzeige: Sie ziehen die Angel zurück und lassen die Maus schnell in eine andere Rolle gleiten. Vielleicht diesmal in eine mit „Vorhang"? Um keine Frustration aufkommen zu lassen, sollten Sie dieses Spiel allerdings nur maximal zwei Minuten lang spielen – danach darf die Katze ihre wohlverdiente Beute aus dem Mauseloch ziehen.

Vielleicht verstecken Sie ja noch ein paar Leckerchen in den Röhren, damit sie das nächste Mal auch wieder Spaß am „Mausen" hat? Der Mauseloch-Komplex lässt sich übrigens bei Bedarf auch leicht in einen Pfötelkasten umbauen.

Quick-Blick

Qualitätskontrolle für selbstgebasteltes Spielzeug

> Zur Sicherheit Ihrer Katze sollten Sie auch bei selbstgebastelten Spielen auf einige Sicherheitskriterien achten. Diese gelten vor allem, wenn Sie Ihre Katze mit dem Spielzeug alleine lassen.

> Scharfe Ecken oder Kanten vermeiden – Verletzungsgefahr!

> Drahtenden stets abdecken oder umbiegen.

> Keine giftigen Klebstoffe oder Farben verwenden.

> Federn aus dem Bastelhandel sind oft mit giftigen Stoffen behandelt – hier besser auf Ware aus dem Öko-Laden zurückgreifen oder selbst Federn sammeln und gegebenenfalls durch Auskochen desinfizieren.

> Katze beim Spiel mit Kordeln oder Bändern beaufsichtigen.

> Zubehör stets so groß wählen, dass ihre Katze die Bestandteile nicht verschlucken kann.

Diese Bastelideen sind nur kleine Anregungen, Ihrer Fantasie und Kreativität sind keine Grenzen gesetzt. Beobachten Sie Ihre Katze und ihr Jagdverhalten ganz genau – vielleicht fallen Ihnen ja noch andere tolle und vor allem spannende und abwechslungsreiche Spiele ein, an denen Ihr kleiner Tiger Spaß haben könnte?

Für Schlecker-mäuler

112 **Katzen-Küche**

112 Kochen für die Katze – muss das sein?

120 Leckerlis selber machen

Plus

121 Plätzchen backen für die Katz'

Katzen-Küche

Wer sich eingehend mit der Katze als Familienmitglied beschäftigt, möchte ihren Geschmacksknospen vielleicht auch ab und zu etwas Gutes tun.

Das ist gar keine schlechte Idee, denn im Zentrum des Katzenlebens steht die Jagd – und mit ihr die Beute, das Fleisch. Würde man eine Katze aber ganz und gar artgerecht ernähren wollen, müsste man ihr mehrmals am Tag frische Nahrung servieren: Maus, Vogel, ab und zu ein Frosch, Insekten. Katzen sind keine Aasfresser, sie bevorzugen frische Nahrung – möglichst lebendige. Dass das zu viel verlangt ist, wird wohl jeder einsehen. Der Einfachheit halber

greift der Großteil der Katzenhalter darum im Vertrauen, dass alles drin ist, um die Katze munter und gesund zu erhalten, zum Fertigfutter.

Kochen für die Katze – muss das sein?

Als die Stiftung Warentest 2008 verschiedene Katzenfuttersorten kontrollierte, war die Öffentlichkeit entsetzt. Nein, nicht über die Ergebnisse. Diese

Sieht gesund aus – ist es aber nicht: Filetfutter allein führt auf Dauer zu Mangelerscheinungen.

waren vergleichsweise angenehm für den Katzenhalter: Günstiges Supermarktfutter schnitt zum Großteil genauso gut ab wie die teuren Marken. Dieser Test hat die Katzenwelt in drei Lager geteilt: Die, die mit dem Test zufrieden waren und die genaue Analyse der Nährwerte begrüßten, die, denen die Nährwertanalyse nicht genug war und die sich einen Test wünschten, in dem klar wurde, was wirklich im Futter enthalten ist, und die, die sich den Test nur interessehalber anschauten. Der Großteil kaufte zum Schluss doch wieder die gewohnte Katzennahrung, egal wie schlecht sie im Test abschnitt. Denn „was der Bauer nicht kennt, das frisst er nicht" – das gilt im Besonderen für Katzen.

Gourmets unter sich

Katzen sind Gewohnheitstiere, sie gewöhnen sich schnell an eine bestimmte Futtersorte und Konsistenz und können ihren Menschen mit den typisch kätzischen Erziehungsmethoden perfekt darauf trainieren, ihnen bitte doch nur genau dieses Futter vorzusetzen – in den kleinen Dosen, nicht in den großen! Verweigert die Katze ihr Futter, weil sie die neue, gesunde oder günstigere Sorte nicht mag, lässt sie sich nur schwerlich zum Fressen bewegen. Der Hunger treibt es hinein? Nicht bei unseren Sofatigern. Und so gibt der Katzenhalter doch einmal mehr Geld für das Mahl seiner Katze aus als für sein eigenes – auch dann, wenn Ergänzungsfutter auf der Dose steht und klar ist, dass eine alleinige Fütterung mit diesem Produkt zu Mangelerscheinungen führen kann. Kurz und gut: Katzen sind Gourmets. Sie erziehen uns zu perfekten Fünf-Sterne-Köchen. Wobei wir ja eigentlich nur die Lieferanten sind, die abends und

Die richtige Ernährung für Raubtiere: Katzen brauchen Fleisch!

morgens schnell eine Packung Fertiggericht öffnen.

Eine Wissenschaft für sich

Genau wie bei der menschlichen Nahrung schauen immer mehr Katzenhalter vor dem Kauf genau auf das Katzenfutteretikett. Einige bereiteten das Futter für ihre Lieblinge nun selber zu – schließlich wisse man dann, was drin ist. Gerade für solche Tiere, die gegen pflanzliche oder tierische Nebenprodukte im Katzenfutter, oft Hauptbe-

Aha!

Wir haben Hunger!

Katzen sind im Gegensatz zu Hunden reine Fleischfresser.

standteil, allergisch sind, erscheint dies essenziell. Doch muss man das?

Vorweg: Wer das Futter seiner Katze selber zubereiten will, ob roh oder gekocht, muss wissen, was er tut. Dazu gehört nicht nur jede Menge Zeit, sondern auch jede Menge Interesse an der Sache. Nährwerttabellen sind nicht gerade die spannendste Abendlektüre. Doch auch wie beim Kochen für die menschliche Familie gilt hier:

Hat man sich irgendwann genügend eingearbeitet, geht es ganz von selbst. Mühe, Arbeit und Geld kostet es trotzdem. Ist Ihnen einmal aufgefallen, dass Fertiggerichte für den Menschen oft günstiger sind als alle Zutaten

einzeln und frisch einzukaufen? Dies gilt auch beim Katzenfutter. Selber kochen muss nicht, kann aber teurer sein als entsprechendes Fertigfutter. Vor allem dann, wenn die Mahlzeiten nicht sorgfältig genug zubereitet sind und die Katze doch irgendwann an Mangelerscheinungen leiden sollte.

Die Mahlzeit einer Katze sollte also vor allem aus einem bestehen: Fleisch. Hier ist es wichtig, dass sie nicht nur aus Muskelfleisch, sondern auch Innereien wie Leber, Herz und Niere zu sich nimmt. So ekelig das für uns auch klingen mag: Von einer Maus bleibt oft nur die Gallenblase über, wenn die Katze mit ihrer Mahlzeit fertig ist. Muskelfleisch enthält zudem nicht ausreichend Vitamine und Nährstoffe, das für Katzen so essenzielle Taurin findet sich zum Beispiel vor allem im Herzmuskel. Zu viel Innereien können aber auch schädlich sein, die Leber enthält wiederum zu viel Vitamin A. Wollen Sie also selber für Ihre Katze kochen, sollten Sie den Gang zum Fleischer und den Blick,

Supplemente ergänzen das Fleisch und machen es so zu einer vollwertigen Mahlzeit.

Nichts für zarte Gemüter: Für Ihre Katze ist die naturnahe Fütterung mit einem Eintagsküken ein wahrer Festschmaus.

den man Ihnen bei Ihrer Bestellung mit zehn Gramm Hühnerherzen und fünf Gramm Leber zuwirft, nicht scheuen.

Zum Beispiel das Abkochen – warum kochen? Die Katze findet ihre Maus auch nicht gekocht vor, zudem haben sie sich im Gegensatz zu uns Menschen entwicklungsgeschichtlich noch an das Leben in Städten angepasst. Ihre Nahrung können sie immer noch roh zu sich nehmen, mit Vitaminen und Mineralstoffen, die beim Kochvorgang zerstört würden.

Bauen wir uns eine Maus: Ist Rohfleisch das artgerechte Futter?

Immer mehr Katzenfreunde entschließen sich aus diesem Grund, ihre Katze mit Rohfleisch zu ernähren. Ziel der sogenannten BARF-Methode (BARF = „Bones And Raw Foods" oder

„Biologisch Artgerechtes Roh-Futter") ist es, das natürliche Beutetier so gut wie möglich durch die Verfütterung von Muskelfleisch und Innereien nachzuahmen. Damit die Katze alles erhält, was sie zum Gesundbleiben braucht, werden zudem natürliche oder künstliche Ergänzungen wie Taurin, Lachsöl, Rinderfettpulver oder Calciumcitrat hinzugefügt. Einige Anhänger dieser Methode greifen auch auf natürliche Ergänzungsfuttermittel wie Knochenpulver oder pulverisierte Eierschalen zurück.

Die BARF-Methode ist unter Tierärzten und Katzenhaltern umstritten, zwischen Rohfütterungs-Jüngern und Fertigfutter-Befürwortern herrscht eine Art Glaubenskrieg. Während die einen Fertigfutter als für die Katze unzureichend ansehen, haben die

Tipp

Studium für die Katz'

BARFen und Futterkochen ist nicht einfach. Informieren Sie sich darum vorher genau über den **Nährstoffbedarf** Ihrer Katze! **BARF-Kalkulatoren** und **Bedarfstabellen** sind hier eine große Hilfe – denn falsch berechnete Mahlzeiten können auf Dauer zu gefährlichen Mangelerscheinungen führen.

anderen Ängste vor Salmonellen und Wurmeiern im Frischfleisch sowie Mangelerscheinungen aufgrund dieser Ernährungsform. Das ist kein Wunder: Es existierte lange Zeit kaum Literatur zum Thema Rohfütterung speziell für Katzen. Wer sich für die neue Ernährungslehre interessierte, musste sich mit Doktorarbeiten diverser Tierärzte und Bedarfstabellen herumschlagen – wurden diese falsch interpretiert, litten die roh gefütterten Katzen unter Mangelerscheinungen oder anderen Gesundheitsproblemen.

Mittlerweile gibt es entsprechende Literatur in Buchform sowie im Internet, doch auch heute gilt: Will man dann die richtige Mahlzeit für seine Katze zubereiten, braucht es nicht nur viel Zeit und Mühe, sondern auch viele Berechnungen, bis man auf den richtigen Nährstoffgehalt kommt. Das ist eine große Verantwortung, denn Mangelerscheinungen können bei der Katze zu gefährlichen Erkrankungen über Skelettdeformation bis zur Herzinsuffizienz führen!

Vorteile der BARF-Mahlzeiten sind sicher, dass Halter allergischer Katzen genau wissen, was im Futter enthalten ist, bei kranken Katzen können die Nähr- und Inhaltsstoffe je nach Bedarf variiert werden.

Auf den Geschmack gekommen?

Möchten Sie Ihrem Sofatiger ab sofort die Maus selber bauen, sollten Sie sich aber sorgfältig einlesen und über die richtige Zusammenstellung der Mahlzeiten erkundigen. Führen Sie sich bitte auch vor Augen, dass Ihr neues Hobby eine sehr große Verantwortung bedeutet: Sie haben es jetzt in der Hand, Ihre Katze gesund zu ernähren und sie vor Krankheiten durch Mangelerscheinungen zu bewahren!

Wer seine Katze wirklich artgerecht mit Rohfleisch ernähren will, muss aber genau wie beim Kochen viel Zeit und Mühe investieren, um sich nicht nur das entsprechende Grundlagenwissen anzulesen, sondern das Rohfutter auch sorgfältig zusammenzustellen.

Hygiene ist wichtig

Wichtig bei Rohfütterung ist auch das Einhalten grundsätzlicher Hygienemaßnahmen. Katzen sind keine Kadaverfresser, aus diesem Grund sollte nur frisches und für den menschlichen Verzehr geeignetes Fleisch verfüttert werden, das zudem entsprechende Tests durchlaufen hat, bevor es auf dem Ladentisch landet. Wer trotzdem Angst vor Bakterien und Salmonellen im ungekochten Fleisch hat, sollte sich vor Augen führen, dass freilebende Katzen auch ab und zu eine Maus oder einen Vogel verspeisen – auch diese sind in den seltensten Fällen steril. Gesunde Katzen haben zudem eine so starke Magensäure, dass die meisten Viren und Bakterien keine große Überlebenschance haben. Trotzdem sollten Sie nur auf hochwertige Fleischsorten direkt vom Metzger zurückgreifen – sicher ist sicher! Und dass es bei der Zubereitung hygienisch zugehen muss, versteht sich von selbst.

Mittelweg

Doch es gibt auch einen Zwischenweg zwischen Fertig- und Rohfütterung: Wer keine Lust oder Zeit hat, sich langwierig in die Materie einzulesen oder testen will, ob seine Katze überhaupt weiß, wozu rohes Fleisch gut ist, kann auch einen kleinen Teil des Nahrungsbedarfs seiner Katze durch Muskelfleisch ersetzen – ganz ohne komplizierte Berechnungen. Gerade Katzen, die durch breiiges Dosenfutter verwöhnt sind, freuen sich über ein kleines Stück Gulasch oder ein Hühnerherz zum Training der Kaumuskulatur und zur Reinigung der Zahnzwischenräume.

Alternativen von der Stange

Im Laufe der Zeit habe ich vor allem durch das Katzenmagazin Pfotenhieb sehr viele Menschen kennengelernt, die wahrlich für die eine oder andere Futtermethode brannten und für die alles außerhalb ihrer Theorie Tierquälerei war. Selbst die meisten Fachleute wie Tierärzte oder Tierheilpraktiker werden mindestens eine der möglichen Fütterungsmethoden, ob Frischfleisch, Kochen oder Fertigfutter, verteufeln. Doch krank werden kann eine Katze von jeder Fütterungsmethode – und andererseits mit jeder alt werden. Das hängt wieder vom Menschen und der Sorgfalt, mit der er das Thema Futter behandelt, ab. Die wenigsten Futtersorten sind pures „Gift" für die Katze.

Folgen falscher Ernährung

Dennoch: Die Folgen einer falschen Ernährungsweise können genau wie bei uns Menschen schleichend sein, so findet man zum Beispiel Wohlstandskrankheiten wie Karies und Diabetes bei Katzen immer häufiger, aber ebenso

Unzählige Futtersorten machen die Wahl oft schwer. Welches ist das richtige Futter für meine Katze?

Mangelerscheinungen durch sorgloses Selber-Kochen. Jeder verantwortungsbewusste Katzenhalter sollte sich kritisch mit dem Thema auseinandersetzen und nicht alles glauben, was Werbung oder selbsternannte Experten in Internet-Katzenforen versprechen. Keine Futtermarke, ob Trocken- oder Nassfutter, versorgt die Katze mit allen Nährstoffen, so lange es allein steht. Wer wirklich auf die Gesundheit seiner Katze achten will, sollte sich also damit auseinandersetzen, was seine Katze braucht – auch, wenn er nicht kochen will, sondern auf Fertignahrung zurückgreift. Nur so kann er die entsprechenden Futtersorten mit dem entsprechenden Nährstoffgehalt auswählen.

Wer Nebenprodukte im Futter scheut, kann auf hochwertigere Futtersorten kleinerer Firmen zurückgreifen – und wessen Katze eine Allergie hat, wird hier ebenfalls fündig. Übrigens lohnt sich wirklich ein Blick abseits der Supermarktfutterregale und Zoohandelsketten – viele wirklich gute Futtersorten gibt es zur Zeit leider hauptsächlich im Internethandel. Doch auch hier sollte der Katzenfreund natürlich nicht blind alles kaufen, auf dessen Packung „Wellness", „artgerecht" oder „Gesundheit" steht.

Worauf Sie achten sollten

Doch was braucht das gesunde Katzenfutter denn jetzt überhaupt? Als Carnivoren benötigen Katzen zum Überleben vor allem Proteine aus Fleisch und nur wenige Kohlenhydrate. Diese sind in der

Eine ausgewogene Ernährung ist wichtig für ein gesundes Katzenleben.

Aha!

Kein rohes Schweinefleisch für die Katze

Wegen der Aujeszykischen Krankheit sollten Sie Ihrer Katze kein ungekochtes Schweinefleisch füttern. Gekocht ist es in kleinen Mengen für zwischendurch geeignet, weil es viel Taurin enthält. Roh geeignet sind Rind- oder Geflügelfleisch, viele Katzen nehmen aber auch gerne kleingeschnittene Puten-, Hühner- oder Rinderherzen. Diese sind ebenfalls reich an Taurin, eine für die Katze lebenswichtige Aminosäure.

natürlichen Nahrung einer Katze kaum zu finden, sodass ihr Stoffwechsel diese durch fehlende Enzyme auch nicht angemessen umsetzen kann. Überschüssige Kohlenhydrate werden darum als Zucker über den Urin ausgeschieden oder in Fett umgewandelt, die ständige Überlastung des Kohlenhydrat-Stoffwechsels kann so mit der Zeit zu Wohlstandskrankheiten wie Diabetes führen. Aus diesem Grund ist auch Hundefutter nicht für Katzen geeignet.

Leider gibt es aber auch Katzenfuttersorten, deren Hauptbestandteil „pflanzliche Nebenerzeugnisse" sind und die damit eher für die Kleintierfütterung geeignet wären. Achten Sie also zuallererst auf einen hohen Fleischgehalt. Den höchsten weisen oft Ergänzungsfuttermittel auf – doch diesen sind oft keine Vitamine und Mineralstoffe zugesetzt.

Leider sind die Angaben der Zusatzstoffe auf den Katzenfutterdosen oft

eher dürftig – für den Katzenhalter ist es schwer, einzuschätzen, ob das Hinzufügen von Nährstoffen gesund oder gar schädlich ist. Sehr wichtig ist das korrekte Calcium-Phosphor-Verhältnis der Nahrung, das etwa bei 0,9 bis 1,4 Teilen Calcium zu einem Teil Phosphor liegen sollte – es kann allerdings schnell durch diverse Pülverchen, die mit bestem Gewissen über das Futter gestreut werden, aus dem Gleichgewicht gebracht werden. Sie sollten nicht einfach leichtfertig die Fertignahrung ergänzen – eine Überdosierung verschiedener Vitamine kann zu schwerwiegenden Schäden führen. Ein zu hoher Vitamin-A-Gehalt führt so zu Gelenkbeschwerden, zu viel Magnesium fördert die Bildung von Struvitsteinen.

Also die Katzennahrung doch lieber selber zubereiten? Nun, diese Entscheidung muss ich Ihnen überlassen. Jede Methode hat ihre Vor- und Nachteile, sowohl bei der Fertigfütterung als auch beim BARFen und Kochen kann man alles falsch machen – oder alles richtig.

Ein wichtiger Stoff

So ist es Katzen zum Beispiel unmöglich, die Aminosäure Taurin selbst herzustellen, sie müssen es aus der Nahrung aufnehmen. Taurin selbst ist

Aha!

Warum ist Schokolade giftig für Katzen?

Schokolade enthält **Theobromin**, ein Gift, das der Katzenkörper nicht umsetzen und dessen Anreicherung zum Herzversagen führen kann.

einer Versteifung des Herzmuskels bekannt, dass sie Folge eines langjährigen Taurinmangelzustands sein kann. Die empfohlene Taurinmenge für eine Katze liegt bei 100 bis 200 mg pro Tag, überschüssiges Taurin kann aber vom Körper ausgeschieden werden, sodass eine Überdosierung nicht vorkommt.

Leckerlis selber machen

Etwas einfacher als die komplette Zusammenstellung der täglichen Katzennahrung ist die Herstellung von Leckerlis. Da diese eine reine Belohnung sind, müssen wir hier nicht so strenge Kriterien anwenden wie bei der Katzenfutterbewertung oder -herstellung. Schließlich wird auch keiner behaupten wollen, dass Chips für uns den optimalen Nährwert haben. Gerade darum sollte man aber sparsam mit den Leckerbissen sein, ein kleiner Snack am Ende der Spielstunde reicht völlig aus. Zum Sattwerden gibt es immer noch richtiges Katzenfutter. Dennoch ist hier ein gesunder Mittelweg gefragt: Wer Katzenfutter oder -leckerchen herstellt, wird dies vor allem deswegen tun, weil die im Handel erhältlichen Produkte seinem Anspruch nicht genügen.

Wenn er nun aber fünf Kilogramm Zucker auf einen Kilogramm Margarine gibt, kann er auch gleich Schokolade verfüttern – auch bei der Leckerliherstellung ist also Sorgfalt angebracht.

Getrocknetes

Bei der Herstellung von Leckerlis hat man genau wie beim Basteln von Katzenspielzeug die Auswahl zwischen zeitraubenden oder zeitsparenden Rezepten. Besonders schnell hergestellt und dafür noch lecker und gesund sind rohe, getrocknete Fleischstücke, die

Was gibt es denn heute Leckeres? Katzen sind Gourmets und manchmal etwas schleckig.

lebenswichtig für den Organismus, es ist unter anderem an der neuronalen Vernetzung des Gehirns im Wachstum beteiligt und reguliert die Calciumzufuhr im Herzen und somit den Herzschlag. Ein Mangel kann zu Blindheit, Unfruchtbarkeit, Wachstumsstörungen, Deformationen der Wirbelsäule und einer Störung des Immunsystems führen. Mittlerweile ist auch von der sogenannten „Dilatative Kardiomyopathie", durch ihre zähe Form die Katzenzähne reinigen und die Kaumuskeln trainieren. Für mich ist dieses Leckerli der optimale Katzen-Snack – besser geht es nur frisch. Dieses Fleisch eignet aber sich weder zum Spielen, noch zum Verstecken. Darum trocknen wir unsere Fleischhäppchen einfach.

Geflügelstreifen

Das brauchen Sie:
> Hähnchen- oder Putenbrust

So lange dauert es: Etwa eine halbe Stunde Vorbereitungszeit, zwei Stunden Trocknungszeit

So geht es: Die Geflügelbrust wird in gleichmäßig schmale Streifen oder etwa daumengroße Stücke geschnitten und im Ofen auf Backpapier etwa zwei Stunden bei Umluft und 60 Grad trocknen gelassen. Nach der Hälfte der Zeit sollten die Streifen gewendet werden. Bevor man die selbstgemachten Leckerlis verfüttert, sollten sie durch und durch trocken sein – denn nur dann kann man sie luftdicht verpackt etwa ein halbes Jahr lagern. Alternativ eignet sich hier auch Leber, die allerdings vor dem Backen gekocht und dann in kleine Stücke geschnitten wird.

Diese Leckerlis sind perfekt, um Katzen nach oder beim Spiel zu belohnen oder durch einen Agility-Parcours zu führen. Sie sind trocken und schimmeln auch dann nicht, wenn sie doch einmal unter das Sofa oder den Schrank geraten sollten. Vorausgesetzt, sie wurden auch restlos im Ofen getrocknet.

Plus: Plätzchen backen für die Katz'

Will man aber „richtig" backen und vielleicht eine kleine Leckerli-Sammlung als Geschenk für einen lieben Katzenfreund herstellen, müssen Sie zum Fleisch noch einige anderen Zutaten hinzufügen, die in ihrer Zusammensetzung nicht so perfekt sind wie das pure, reine Fleisch. Um richtige Kroketten oder Plätzchen zu erhalten, sind genau wie beim Trockenfutter ein relativ hoher Getreideanteil und entsprechend viele Kohlenhydrate nötig. Trotzdem können derartige Leckerlis die erste Wahl für allergische Katzen oder Katzenhalter, die genau wissen möchten, was im Fut-

Leckerli aus getrocknetem Fleisch sind leicht herzustellen und zudem auch noch gesund.

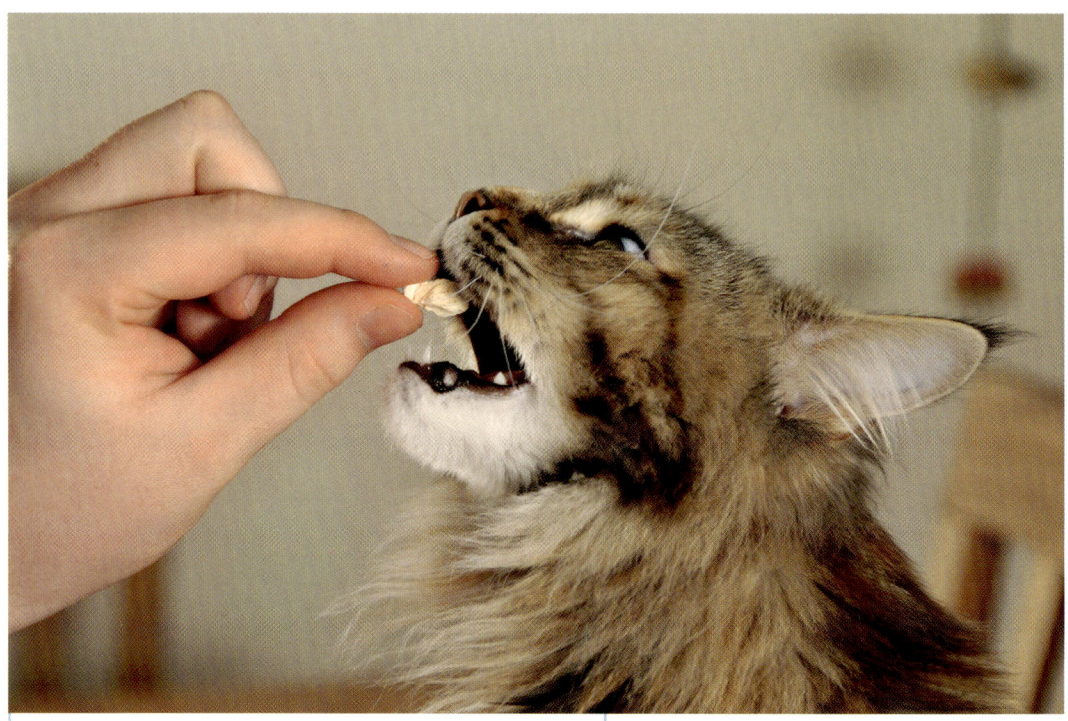

Lecker! Getrocknetes Fleisch ist ein natürliches Leckerchen.

ter drin ist, sein, je nach persönlichem Geschmack der Katze können Sie die Leckerbissen mit Thunfisch, Geflügel, Truthahn oder allen weiteren Fleischsorten bis auf Schweinefleisch zubereiten. Auch hier ist die lange Backzeit wichtig, denn nur getrocknet halten

Tipp

Welches Mehl?

Da Weizen sehr viel Allergene enthält und viele Katzen empfindlich auf das Getreide reagieren, sollten Weizenprodukte beim Backen idealerweise durch Reismehl oder Maisgrieß ersetzt werden. Das gilt auch bei den folgenden Rezepten.

sich die Plätzchen über einen längeren Zeitraum.

Thunfischsnack

Das brauchen Sie:
> 1 Dose Thunfisch in Öl
> 250 Gramm Maisgrieß
> 250 Gramm Reismehl
> 60 ml Wasser
> 1/2 TL Bierhefe
> 1 TL frische Katzenminze

So lange dauert es: 45 Minuten

So geht es: Auch diese Leckerlis sind sehr einfach und schnell herzustellen. Heizen Sie zuerst den Backofen auf 180 Grad, Umluft, vor und beginnen Sie dann mit der Zubereitung des Teigs. Hierzu alle Zutaten in eine große Schüssel geben und gut durchmischen, bis ein fester Teig entsteht. Rollen Sie den Teig auf einer mit Reismehl bestreuten Fläche aus und stechen mit kleinen Formen maulgroße Häppchen aus. Alternativ können Sie auch eine dünne Rolle formen und kleine Scheiben abschneiden. Die Plätzchen auf ein mit Backpapier belegtes Backblech legen, etwa eine halbe Stunde backen und nach dem Abkühlen in einer luftdicht verschlossenen Dose im Kühlschrank aufbewahren. Hier halten sich die Snacks allerdings nur wenige Tage – idealerweise frieren Sie kleine Tüten mit Thunfischsnacks ein und tauen sie portionsweise wieder auf.

Leberschmaus

Das brauchen Sie:
> 100 Gramm Leber (von Rind, Kalb, Schwein oder Geflügel)
> 75 Gramm Butter
> 500 Gramm Reismehl
> 1 Ei
> 60 ml Wasser
> 1 TL frische Katzenminze

So lange dauert es: 45 Minuten

So geht es: Zuerst wird die Leber in kleine Stücke geschnitten und in der Küchenmaschine püriert. Nun werden alle Zutaten inklusive der Katzenminze in einer großen Küchenschüssel vermischt, zu kleinen Talern geformt und etwa eine halbe Stunde bei 160 Grad Umluft gebacken. Auch diese Leckerlis sollten im Kühlschrank oder besser noch in der Gefriertruhe aufbewahrt werden. Packen Sie kleine Beutelchen mit jeweils ein paar Leckerchen und tauen Sie sie portionsweise wieder auf. Vielleicht ist Ihnen aufgefallen, dass

Zum Weitergeben

Tipp

Mit diesen Rezepten erhält man nicht nur ein schönes Geschenk für Katzenfreunde, sondern auch eine leckere **Belohnung** für seine eigene Katze. So macht Spielen nicht nur dem Menschen Spaß, sondern lohnt sich selbst für die trägste Katze.

Thunfischsnacks können einfach mit einem Förmchen ausgestochen werden und eignen sich auch als Geschenk für Katzenfreunde.

derartige Rezepte immer aus ähnlichen Zutaten bestehen: Einem großen Teil püriertem Fleisch, (Reis-)Mehl und etwas Wasser für die Konsistenz. Bei Bedarf können auch Zutaten wie Hefe oder Katzenminze hinzugefügt werden, so werden die Happen besonders schmackhaft. Sie können also ohne viel Arbeit oder auch nur Fantasie leicht ihr eigenes Leckerli-Rezept zusammenstellen – ganz nach den Vorlieben Ihrer Katze!

In diesem Sinne: Viel Spaß mit Ihrer Katze!

Service

Zum Weiterlesen

> **Die Wildkatze – zurück auf leisen Pfoten** von Herbert Grabe und Günther Worel, Buch- und Kunstverlag Oberpfalz

> **Katzenseele: Wesen und Sozialverhalten** von Paul Leyhausen, Kosmos

> **Miez, miez – na komm!: Artgerechte Katzenhaltung in der Wohnung** von Sabine Schroll, BOD

> **Natürliche Katzenhaltung** von Bruce Fogle, Dorling Kindersley

> **Clickertraining für Katzen: Erziehung macht Spaß** von Martina Braun, Cadmos

> **Wohnen mit Katze** von Eva-Maria Götz, Ulmer

> **Natural Cat Food: Rohfütterung für Katzen – Ein praktischer Leitfaden** von Susanne Reinerth, BOD

> **Katzen naturnah ernähren** von Angela Münchberg, Cadmos

> **Whole Health for Happy Cats** von Sandy Arora, Rockport Publ

> **Katzen füttern** von Dr. Anna Laukner, Ulmer

> **Die Sprache der Katzen** von Roger Tabor, Ulmer

Clicks im WWW

http://www.katzenfummelbrett.ch

http://www.tiernotruf.org

http://www.pfotenhieb.de

http://www.pristine-paws.de/ke_calc.htm
(BARF-Kalkulator)

http://www.diss.fu-berlin.de/diss/receive/FUDISS_thesis_000000001518
Wissenschaftliche Dissertation zur Kulturgeschichte der Hauskatzen unter Berücksichtigung Ihrer Erkrankungen

Bildquellen

Titelfoto: Tierfotoagentur.de/Alexandra Pfau
Fotos S. 37:
Dr. Eva-Maria Götz: 2, 3, 4, 5, 6, 7, 10
Burkhard Bohne: 1, 8
Klaus & Helga Urban: 9
Alle weiteren Fotos stammen von Lisa Gomez Ringe.

Dank

Ich danke allen, die an diesem Buch beteiligt waren – besonders meinem Freund Immo, der meine geistige Abwesenheit während des Schreibens sowie die ständigen Katzen-Gesprächsthemen ertragen musste. Es hat sich aber gelohnt, oder? Ich liebe Dich!

Schuld an meiner Freundschaft zu Katzen sind übrigens meine Eltern Andrea und Ralf Hüsemann, die immer für einen Sofatiger in unserem Haushalt sorgten und uns Kindern von Anfang an beibrachten, dass Katzen mehr als reine Kuscheltiere sind.

Die Pfotenhieb-Redaktion stand mir bei der Entstehung dieses Buches nicht nur mit Rat und Tat zur Seite, sondern prüfte auch mehrmals den Katzenspiel-Test. Ich freue mich auf unsere Zusammenarbeit in der Zukunft! Pfotenhieb-Bildredakteurin Lisa Gomez Ringe musste meine gedanklichen Ergüsse zudem noch fototechnisch untermalen – eine nicht ganz leichte Aufgabe ... Vielen Dank für Deine Unterstützung!

Nicht vergessen möchte ich natürlich unsere beiden Katzendamen Fleckli und Sakura, die während des Schreibens oft neben oder auf der Tastatur lagen und mich mit gezielten Köpfchenstößen zum Weiterschreiben animierten. Zwar können die beiden nicht lesen, die Recherchen zu diesem Buch sind ihnen aber sicherlich auch zugute gekommen ...

Garching bei München, Sommer 2009
Lena Hüsemann

Register

Agility 41, 43
Augen 10

Baldrian 51f., 81, 94
Basteln ab Seite 100
Belohnung 92f., 73f., 120ff.
Beute 70

Catnip siehe Katzenminze
Clickertraining 42, 61, 77ff.

Einzelgänger 20ff.
Erziehung 56ff., 59ff.
Evolution 8

Falbkatze 19
Fenster 43
Fleisch 12, 115
Fortbewegung 8
Freilauf 32ff., 36ff., 47ff.

Freigehege 50f.
Futter 112ff.
Futtersuchspiel 72, 106, 107

Giftpflanzen 37

Haltung, artgerechte 15, 23, 32ff.
Höhle 44

Intelligenzspielzeug 80ff., 107

Katzenminze 51f., 81, 94, 103, 104
Katzenstreu 61ff.
Krallen 9
Kratzbaum 39f.

Leine 46f.
Lernen 57f.

Mehrkatzenhaushalt 22

Pflanzen 36, 45, 51

Raubtier 11, 23, 69ff.

Sicherheit 82
Skelett 9
Snackball 81
Sozialkontakte 21f.
Spielfaul 86ff., 109
Spieltyp 74, 89, 90, 97

Übergewicht 27ff., 88
Unsauber 26f.

Versteckmöglichkeiten 40f.
Vorfahren 8, 18ff.

Wildkatze 18ff., 38
Wohnung 38ff.

Zähne 12

Haftungsausschluss

Die in diesem Buch enthaltenen Empfehlungen und Angaben wurden vom Autor mit großer Sorgfalt zusammengestellt und geprüft. Der Tierhalter sollte jedoch bedenken, dass er in eigener Verantwortung handelt. Der Autor und der Verlag übernehmen keinerlei Haftung für Schäden und Unfälle.

Bibliografische Information der Deutschen Nationalbibliothek
Die Deutsche Nationalbibliothek verzeichnet diese Publikation in der Deutschen Nationalbibliografie; detaillierte bibliografische Daten sind im Internet über http://dnb.d-nb.de abrufbar.

Hinweis: Der Verlag Eugen Ulmer ist nicht verantwortlich für die Inhalte der im Buch genannten Websites.

© 2009 Eugen Ulmer KG
Wollgrasweg 41
70599 Stuttgart (Hohenheim)
E-Mail: info@ulmer.de
Internet: www.ulmer.de

Lektorat: Dr. Eva-Maria Götz, Antje Springorum
Herstellung: Ulla Stammel
Umschlagentwurf: Christina Schaal, Reutlingen
Innenlayout und Satz: Christina Schaal, Reutlingen
Repro: Medienfabrik, Stuttgart
Druck und Bindung: Westermann Druck, Zwickau
Printed in Germany

ISBN 978-3-8001-5913-0